让纳若尔油田气举采油技术研究与实践

张宝瑞　伍正华　贾洪革　等编著

石油工业出版社

内 容 提 要

本书介绍了中国石油（哈萨克斯坦）阿克纠宾公司让纳若尔油田 20 多年来气举采油技术研究与实践成果。全书以实践为基础，以应用为主线，全面介绍了立足油田实际形成的气举技术系列和应用效果，探讨了油田气举技术发展的方向。内容涵盖让纳若尔油田气举采油工程方案、流入流出动态预测技术、连续气举采油技术、邻井气气举技术、湿气气举技术、压裂—气举一体化技术、注气量优化技术、工况诊断与气举阀投捞技术，以及间歇气举技术、喷射气举技术、泡沫辅助气举技术及智能气举技术等油田气举技术发展方向。

本书可供气举采油工艺技术相关技术人员、管理人员及石油高等院校师生参考使用。

图书在版编目（CIP）数据

让纳若尔油田气举采油技术研究与实践 / 张宝瑞等编著 .
—北京：石油工业出版社，2024.4
ISBN 978-7-5183-6594-4

Ⅰ . ①让… Ⅱ . ①张… Ⅲ . ①气举采油 – 研究 – 哈萨克斯坦 Ⅳ . ① TE355.3

中国国家版本馆 CIP 数据核字（2024）第 051185 号

出版发行：石油工业出版社
（北京安定门外安华里 2 区 1 号楼 100011）
网 址：www.petropub.com
编辑部：（010）64523736 图书营销中心：（010）64523633
经 销：全国新华书店
印 刷：北京九州迅驰传媒文化有限公司

2024 年 4 月第 1 版 2024 年 4 月第 1 次印刷
787×1092 毫米 开本：1/16 印张：15.25
字数：190 千字

定价：100.00 元
（如出现印装质量问题，我社图书营销中心负责调换）

序

PREFACE

气举采油是一种经济高效的人工举升方式,它能利用油井生产中伴生天然气的能量助力举升,具有适应范围广、操作管理简单、经济高效等显著优点。在国内外高气油比油田中,气举采油通常作为自喷采油的最佳人工举升接替方式,从世界范围来看,气举采油目前仍然是第二大人工举升方式,对于提高油田开发效益具有重要意义。20世纪80年代,中国开始引进气举采油技术,以吐哈油田为典型代表的气举采油实践开始迅速发展,经过对气举核心技术的不断创新及改进应用,吐哈气举技术已经被认定为中国石油天然气集团有限公司(简称"中国石油")专有技术和标志性技术利器。

1993年,我国提出"充分利用国内外两种资源、两个市场"的战略方针,开启了中国石油"走出去"的步伐。1997年,中国石油阿克纠宾项目部在哈萨克斯坦阿克纠宾斯克州成立,让纳若尔油田是阿克纠宾项目最大的油田之一,气举采油是最适合该油田的人工举升方式。2001年吐哈气举技术首次在让纳若尔油田应用成功,取得良好的举升增油效果,正式拉开了油田全面气举采油生产的序幕。经历了先导试验、创新攻关、规模应用三个阶段,让纳若尔油田气举技术逐步配套完善,应用规模逐年扩大,开发耐 H_2S 腐蚀气举采油工具、压裂—气举一体化管柱工具、钢丝投捞作业工具，形成了邻井气气举、湿气气举、间歇气举等工艺，配套了针对油田的产能预测、井筒多相流、工况诊断、系统优化等系列技术，为油田高速高效开发提供了有力的技术支撑。2022 年，让纳若尔油田气举井数达到 585 口，最大原油年产量 $229 \times 10^4 t$，是全球单油藏规模最大的气举油田，气举技术成为中国石油（哈萨克斯坦）阿克纠宾公司（简称"中油阿克纠宾公司"）上产并稳产的关键技术之一。

20 余年来，中国石油阿克纠宾项目取得了有目共睹的发展成果，形成"油气并举"发展新格局，累计生产原油超过 $1.2 \times 10^8 t$，累计向哈萨克斯坦政府上缴税费超 160 亿美元，实现了互利共赢、共同发展，多次被两国领导人赞誉为"中哈合作的典范"。

为更好地发挥技术支撑作用，适应气举技术的发展，吐哈气举技术中心联合中油阿克纠宾公司编写了这本《让纳若尔油田气举采油技术研究与实践》，对让纳若尔油田特色气举采油技术做了较详细全面的总结，展示了很多自主创新的气举采油技术成果，为海内外同类油藏的开发提供了很好的借鉴意义，本书可供从事石油开采方面工作的人员参考使用。

中国工程院院士

前 言
FOREWORD

1997 年 6 月，中国石油天然气集团有限公司收购了哈萨克斯坦第四大石油公司——阿克纠宾公司 60.33% 的股份，开启中哈油气合作的序幕。20 余年来，在两国领导人的关怀、政府部门的推动、社会各界的支持下，中国石油（哈萨克斯坦）阿克纠宾公司（简称"中油阿克纠宾公司"）历届中哈员工精诚合作、开拓创新，实现了互利共赢，共同发展，被两国领导人赞誉为"中哈合作的典范"。

让纳若尔油田是中油阿克纠宾公司的主力油田，其油藏特征、流体性质、单井产量等因素决定了气举是最适合该油田开发的人工举升方式。从 2000 年开始现场准备，气举采油经历了先导试验、创新攻关、规模应用三个阶段，形成了适合让纳若尔油田特点的气举采油工程方案、流入流出动态预测、邻井气气举、湿气气举、压裂—气举一体化、注气量优化、生产管理等系列技术和配套工具，到 2022 年底，油田气举井数达到 585 口，成为全球单油藏规模最大的整装气举油田，气举成为中油阿克纠宾公司上产并稳产的关键技术。为了系统总结油田 20 余年来气举采油实践经验，展示自主创新成果，持续推动气举技术进步，为海内外同类油藏的开发提供借鉴，特编写此书。

本书共分 10 章，以实践为基础，以应用为主线，全面介绍了立足油田实际形成的气举技术系列和应用效果，探讨了未来油田气举技术发展的方向。本书可供从事气举采油采气相关的技术和管理人员阅读。

本书由张宝瑞、伍正华、贾洪革主编，雷宇主审。本书第 1 章由王海涛、王良编写，第 2 章由吴剑、周宏华编写，第 3 章由李春玉、魏吉凯编写，第 4 章由王伟、付海波编写，第 5 章由马斌、汪大海编写，第 6 章由韩中轩、任爽编写，第 7 章由刘会琴、李南星编写，第 8 章由张明、罗文银编写，第 9 章由李东东、刘斌编写，第 10 章由李鹏辉、高强编写。本书在编写过程中得到了廖锐全、郭洪明、王江、张宪存、王强、刘德基、曹祥元、王振松、方志刚等领导专家的悉心指导，在此一并表示感谢！

数十年来一直从事采油工程科技创新与管理的刘合院士百忙中抽出宝贵时间审阅了全部书稿，提出了宝贵意见，并欣然为本书作序，为此我们向他表示衷心的感谢，同时也感谢他多年来对我们工作的支持、关怀和对本书的充分肯定。

由于编者学识和水平有限，书中难免存在一些缺点和不足，恳请读者批评指正。

目　录

CONTENTS

I

第1章　让纳若尔油田气举采油技术发展概况

1997 年 6 月，中国石油天然气集团有限公司收购了哈萨克斯坦第四大石油公司——阿克纠宾公司 60.33% 的股份，在阿克纠宾市成立了中油（哈萨克斯坦）阿克纠宾公司（简称"中油阿克纠宾公司"，下文简称"公司"），其中让纳若尔油田为该公司主体油田。

1.1　项目基本情况介绍

1.1.1　项目所在地介绍

哈萨克斯坦共和国简称哈萨克斯坦，为跨洲国家，地跨欧亚两洲，主体位于中亚北部，在乌拉尔河以西的一小部分领土位于欧洲。哈萨克斯坦国土面积 $272.49 \times 10^4 km^2$，为世界上最大的内陆国家，世界第九大国。哈萨克斯坦西濒里海，东接中国，北邻俄罗斯，南与乌兹别克斯坦、土库曼斯坦和吉尔吉斯斯坦接壤。哈萨克斯坦地形包括平原、干草原、北方针叶林、峡谷、山丘、三角洲、山部及荒漠。主要河流有额尔齐斯河、锡尔河、乌拉尔河、恩巴河和伊犁河。湖泊众多，约有 4.8×10^4 个。冰川多达

2070km²。属严重干旱的大陆性气候，夏季炎热干燥，冬季寒冷少雪。

阿克纠宾斯克州是哈萨克斯坦面积第二大州，仅次于卡拉干达州。总面积达 30.06×10⁴km²，相当于保加利亚、匈牙利、葡萄牙的面积总和。阿克纠宾斯克州位于哈萨克斯坦西北部，咸海正北方；北与俄罗斯奥伦堡州接壤，西与哈萨克斯坦西哈萨克斯坦州、阿特劳州和曼吉斯套州相邻，南与乌兹别克斯坦卡拉卡尔帕克自治共和国和哈萨克斯坦克孜勒奥尔达州相邻，东与哈萨克斯坦卡拉干达州及科斯塔奈州相连。

1.1.2 中油阿克纠宾公司介绍

中油阿克纠宾公司成立 20 余年来，在两国高层的亲切关怀下，国家部委和地方政府的指导下，广大民众和社会各界的支持下，公司历届管理层带领全体员工，迎难而上、砥砺前行，不断深化中哈油气合作，取得了有目共睹的发展成果，实现了互利共赢、共同发展，多次被两国领导人赞誉为"中哈合作的典范"。

自 1997 年以来，公司面对复杂油藏地质条件，不断推动技术进步，创新针对复杂油气田的勘探开发系列技术，成功破解不同类型油气田生产难题，仅用 3 年就将 20 多年无法动用的肯基亚克盐下油田快速建成年产能 200×10⁴t 的高效开发油田，在滨里海地区发现哈萨克斯坦独立以来最大的陆上油田——北特鲁瓦油田，油气业务规模不断扩大，并形成"油气并举"发展新格局，累计生产原油超过 1.2×10⁸t。同时，公司不断加大油田勘探开发建设投资，20 多年累计利用自有资金滚动投资超过 100 亿美元，累计新建原油产能 600×10⁴t/a，气顶气产能 27×10⁸m³/a，让纳若尔 KC-13 天然气管道、油气处理厂等一批重点项目陆续建成投用，形成完整的地面配套能力，地面保障能力全面提升，为公司油田发展和油气上产提供必备条件和可靠保障，更为公司实现规模高效发展取得良好经济效益奠定基础。

公司在自身发展的同时，积极履行企业社会责任，有力地推动当地社会经济发展。20 多年来累计向哈萨克斯坦政府上缴税费超过 160 亿美元，以低于国际市场的价格向炼油厂供应原油超过 2600×10^4t、向用户供应液化气 350×10^4t，以低于成本的价格为居民和企业供应天然气超过 560×10^8m³，社会公益赞助支出 1.35 亿美元。公司以自身发展成果和对当地经济的贡献，赢得哈萨克斯坦政府、社会各界和民众的充分肯定。

1.2 油藏地质基本情况

1.2.1 地理位置与区域构造位置

让纳若尔油田位于哈萨克斯坦阿克纠宾斯克州的穆戈贾尔区，在阿克纠宾斯克正南面 240km 处。地貌为平缓丘谷相间的草原，地面海拔 125~270m。恩巴河从油田的西北向西南流过，距油田 2~14km，构成本区的水系网。油田范围内呈正地形关系，即背斜构造的南北两个高点为突起的丘状高地（海拔 230m 以上），构造的鞍部及翼部为槽地或洼地。气候干燥，属大陆性气候，年温差大，从 -40℃（一、二月份）到 40℃（七月份），冬季（十一月中旬到次年四月中旬）积雪厚达 20~40cm，年降水量 140~200mm。

让纳若尔油田构造上位于东欧地台东南部的滨里海盆地东缘的扎尔卡梅斯隆起带上。滨里海含油气盆地（或含油气省）面积 50×10^4km²。该含油气盆地划分为五个含油气区和一个独立含油气带，让纳若尔油田位于东部的延别克—扎尔卡梅斯含油气区的让纳若尔含油气带内；次级构造则划分为 11 个构造单元。

滨里海盆地的基底为太古宙—古元古代的片麻岩和花岗岩系。其上的沉积盖层，在盐下可划分为两个大型的构造—岩相层，上构造—岩相层又可划分为三个亚层，其层序如下：

上构造—岩相层：上陆源岩亚层（C_3g 陆源段—P_1），厚 1.0~1.5km；碳酸盐岩亚层（$C_1v_上$—C_3g 碳酸盐岩段），厚 2.0~2.5km；下陆源岩亚层（D_{2+3}—C_1v 下），厚 1.5~2.0km。

下构造—岩相层（里菲·文德系 S）：碳酸盐岩及碎屑岩，厚可达 10km。盐下的构造—岩相层岩性未变质或仅轻微变质，岩层较平缓，有褶皱背斜构造。下二叠统空谷阶（P_1k）卤化盐—硫酸盐岩层及其以上陆源岩层（P_2k），盐丘构造众多，局部构造变动大。

让纳若尔油田在区域上位于滨里海盆地东缘盐下古隆起带上，目前主要为盐下石炭系油藏，油层深度主要分布在 2900~4000m。

1.2.2 地层特征

让纳若尔油田的开口层位为第四系黏土层，钻经白垩系、中—下侏罗统、下三叠统、二叠系和石炭系，Γ_3 井钻入 C_1v（维宪阶）中下部 470m（未完），地层层序见表 1.1。

表 1.1　让纳若尔油田地层层序表

地质年代（年代地层）				厚度（m）	岩　性
纪（系）	世（统）	期（阶）	段/层		
Q				2~3	砂质黏土和亚黏土
K	K_2			28~132	绿灰色泥灰质黏土夹砾岩层
	K_1	阿尔布阶 阿普特阶 欧特里夫阶		298~437	砂—泥岩
J	J_{1+2}			60~246	灰、浅绿色黏土及砂岩

续表

地质年代（年代地层）				厚度（m）	岩　性
纪（系）	世（统）	期（阶）	段 / 层		
T	T$_1$			65~371	杂色泥岩、砂岩、粉砂岩互层
P	P$_2$			633~1808	杂色泥岩、砂岩、粉砂岩夹硬石膏
	P$_1$	空谷阶 P$_1$k	肯罗克	4~34	陆源岩及硫酸盐岩段
			卤化层	7~996	硬石膏、石盐层夹砂泥盐
			硫酸盐—陆源段	10~60	硬石膏及泥岩
	P$_1$	萨克马尔阶 P$_1$s		0~209	泥岩、砂岩、粉砂岩、细砾岩（少）及泥质灰岩互层
		阿瑟尔阶 P$_1$a		9~359	
C	C$_3$	格舍尔阶 C$_3$g	陆源岩段	24~100	砂—泥岩及细砾岩
			硫酸盐—碳酸盐岩	53~136	生物灰岩及硬石膏夹暗色泥岩
		卡西莫夫阶 C$_3$k		50~97	石灰岩及白云石，油田东北部变为膏岩
	C$_2$	莫斯科阶 C$_2$m	上亚段　米亚奇科夫层	115~164	石灰岩及白云石，顶底各有 10m 泥岩标志层
			上亚段　波多利层　碳酸盐岩层	144~220	浅灰色致密块状生物碎屑灰岩
			上亚段　波多利层　陆原段	206~411	泥岩、砂岩、粉砂岩夹细砾岩和灰岩
			下亚段　卡什尔层　维莱层	62~283	碳酸盐岩夹灰绿色泥岩（往上泥岩增多）
		巴什基尔阶 C$_2$b	北凯尔特敏层	95~124	生物灰岩，部分白云化，夹蓝灰色泥岩薄层，顶部夹红色泥岩层及红色风化壳层
			克拉斯基波良层	64~108	
	C$_1$	谢尔普霍夫阶 C$_2$s	上　普罗特文层	76~109	生物灰岩重结晶（藻灰岩为主）
			上　斯切舍夫层	55~75	浅棕灰色生物灰岩，强重结晶、弱白云化，致密，井下标志层
			下　塔鲁克斯层	62~89	团粒，生物灰岩，有溶孔，微缝，重结晶强
		维宪阶 C$_1$v	奥克斯层	70~156	生物灰岩夹泥质薄层
			陆源段	470m（w）	下陆源岩含油系（包括 D）在邻区 > 1000m
		杜内阶 C$_1$d	陆源岩		
D					

1.2.3 油层划分

让纳若尔油田隆起发现于 1960 年，为近北东—南西向的长轴背斜，由南北两个穹隆组成，中间鞍部相连。1978 年钻探 4 号井在中—上石炭统碳酸盐岩层发现 KT–Ⅰ 含油气层系，1980 年钻探 23 号井在中—下石炭统碳酸盐岩层发现 KT–Ⅱ 含油气层系。让纳若尔油田盐下油层都属于上维宪阶（奥斯克层）—上石碳统碳酸盐岩含油气岩系。分为上下两套碳酸盐岩油层（KT–Ⅰ、KT–Ⅱ），5 个油层组（А、Б、В、Г、Д），21 个油层（表 1.2）。

表 1.2　让纳若尔石炭系地层层序划分表

地　层				油　层	
统	期（阶）	亚阶	段/层	油层组	油层
P_1				盐下第一陆源岩层	
C_3	格舍尔阶 C_3g		陆源岩段		
			硫酸盐—碳酸岩段	А	A_1
					A_2
					A_3
	卡西莫夫阶 C_3k			Б	
C_2	莫斯科阶 C_2m	上亚阶 C_2m_2	米亚奇科夫段 $C_2m_2m_C$	KT–Ⅰ	B_1
					B_2
				В	B_3
		波多利段 C_2m_2po	碳酸盐岩段		B_4
					B_5
			陆源岩段	盐下第二陆源岩层	
		下亚阶 C_2m_1	卡什尔段 C_2m_1k	KT–Ⅱ	$Г_1$
					$Г_2$
					$Г_3$
				Г	$Г_4$
			维莱段 C_2m_1v		$Г_5$
					$Г_6$

续表

地层				油层	
统	期（阶）	亚阶	段 / 层	油层组	油层
C₂	巴什基尔阶 C_2b	下亚阶 C_2b_1	北凯尔特敏段 C_2b_1b	KT-Ⅱ	Д₁
					Д₂
			克拉斯诺波良段 C_2b_1k		Д₃
				Д	Д₄
C₁	谢尔普霍夫阶 C_1s	上亚阶 C_1s_2	普罗特文段 C_1s_2Pr		Д₅
			斯切舍夫段 C_1s_2st		$C_{1S2}st$
		下亚阶 C_1s_1	塔鲁克斯段 C_1s_1tr		$C_{1S1}tr$
	维宪阶 C_1v	上亚阶 C_1v_3	奥克斯段 C_1v_3ok		C_1v_3ok
		中下亚阶 C_1v_{1+2}	陆源岩段	盐下第三陆源岩层	
	杜内阶 C_1d				
D₃					

1.2.4 构造特征及构造演化

KT-Ⅰ、KT-Ⅱ整体构造形态为南、北两个穹隆组成的背斜构造，构造在纵向上具有明显的继承性，背斜长轴方向约为北东 25°。

KT-Ⅰ层顶面构造南穹隆构造高点海拔 -2330m，构造闭合线海拔 -2500m，闭合面积 9.38km×4.38km，闭合高度 170m；穹隆西翼陡东翼缓，西翼地层倾角约 10°，东翼地层倾角约 7°。北穹隆构造高点海拔为 -2260m，构造闭合线海拔为 -2500m，闭合面积 11.25km×5.38km，闭合高度 240m，穹隆东西两翼基本对称，地层倾角约 9°。

KT-Ⅱ层顶面构造南穹隆构造高点海拔为 -3110m，构造闭合线海拔为 -3380m，闭合面积 12.75km×5.38km，闭合高度 270m，穹字符西翼陡东翼缓，西翼地层倾角约 10°，东翼地层倾角约 7°。北穹隆构造高点海拔为 -3050m，构造闭合线海拔 -3380m，闭合面积 11.63km×5.5km，闭合高度 330m，东西两翼基本对称，地层倾角约 10°。

全区发育 30~50 多条断层，各层断层发育程度不同，KT- I 断层相对更为发育。主要为北西向，其次为北东向和北北东向，主要分布在北背斜，多为高角度正断层，断距 20~50m，在北背斜东翼和南背斜西南部发育两条逆断层，断距较大，断距 150~200m（图 1.1）。

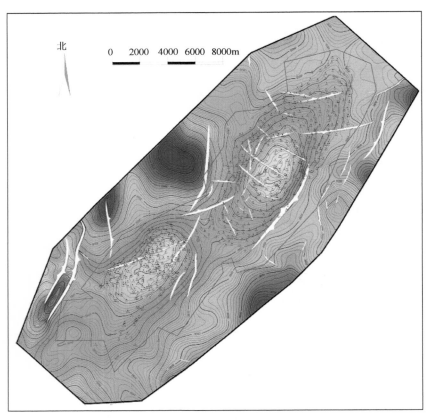

图 1.1　让纳若尔油田 KT- Ⅱ 顶部构造图

为了对让纳若尔背斜的形成及演化有较清楚的认识，通过分析前人编制的前二叠纪、前三叠纪、前白垩纪 Γ4 层顶面和 B 层顶面的古构造图。可以看出：

（1）Γ4 顶和 B 顶的构造形态及发展过程基本一致，表明背斜形成发展具有良好的继承性。

（2）南、北两个高点的形成和发展过程有明显差异，主要表现在北高点先形成，南高点后形成；二叠纪前，北高点已形成沿轴线分布的串珠状小高点，而南高点处于向东南倾斜的单斜；三叠纪前，北高点已形成完整圈闭，而南高点处于多高点背斜雏形；白垩纪前，北高点圈闭形态和规模与现今构造圈闭都很相近，而南高点圈闭形态（多高点）与今构造形态不同，其规模也较小。从构造圈闭条件来看，北高点的含油性应优于南高点。

（3）北高点的东北端一直有一个小高点圈闭存在，这可能有利于油气富集。

（4）让纳若尔背斜是滨里海盆地东缘扎尔卡梅斯隆起带背斜群中的一分子，它的形成与演化必然受制于区域构造发展史。滨里海盆地（特别是盆缘带）构造的发展与演化，受乌拉尔地槽区的发展与演化的控制。从让纳若尔背斜的特点来看，形成背斜的主压应力来自东部，其主应力方向是北北西向（3300~3400m）；褶皱的形成主要是水平压力所致。

1.2.5 油藏特征

（1）油藏类型。

从区域地质角度讲，让纳若尔油田主要油气藏属于受岩性影响的背斜油气藏。从渗流特征角度，部分油藏具有单一孔隙介质渗流特征，部分油藏具有孔隙—裂缝双重介质渗流特征，并且孔隙度、渗透率低，储层具有明显层状特征。从油藏流体流动单元之间的配置关系来讲，让纳若尔油气藏应属于带凝析气顶和边底水的具有层状特征的块状油气藏。

根据流体相态特征 KT-Ⅱ北区 Г 层为气顶饱和而油环未饱和的油气藏，北区 Д 层和南区 Д 层均为未饱和油藏。根据地下烃原始状态，让纳若尔油气藏 KT-Ⅱ北区 Г 层、南区 Д 层、北区 Д 层石油占烃类总体积比分别为 0.74、1.00、1.00，油气藏类型分别为凝析气顶油藏和油藏。

多种方法评价结果表明：让纳若尔油田具有一定的溶解气驱和气顶气驱能量，边底水驱能量较弱。根据数值模拟计算结果，边底水能量驱动可采出 0.6% 的地质储量，气顶气驱动能量可采出 5.89% 的地质储量，表明油气藏天然能量不足。总体上看让纳若尔油田边底水驱和纯弹性驱天然能量较弱。

综合分析让纳若尔油田为 KT-Ⅰ、KT-Ⅱ两套碳酸盐岩储层，主力油藏类型为带凝析气顶、边底水不活跃的具有层状特征的孔隙—裂缝双重介质的低渗透块状碳酸盐岩油气藏。KT-Ⅰ、KT-Ⅱ分别具有统一的油气水系统和油气水界面，据试油资料，KT-Ⅰ油气界面 –2560m，油水界面海拔变化范围 –2670~–2630m，平均油水界面 –2650m；KT-Ⅱ油气界面海拔为 –3385m，油水界面海拔变化范围 –3580~–3540m，平均 –3570m。

让纳若尔油田油气、油水界面温度压力见表 1.3，KT-Ⅰ原始油气藏温度为 61℃、KT-Ⅱ原始油气藏温度为 75℃，原始温度梯度为 1.85℃/100m，属于低温系统。

表 1.3　让纳若尔油田原始储层温度压力表

储层	油气界面			油水界面		
	海拔高度（m）	温度（℃）	压力（MPa）	海拔高度（m）	温度（℃）	压力（MPa）
KT-Ⅰ	–2560	61	29.15	–2650	62.67	29.7
KT-Ⅱ	–3385	75	37.85	–3570	78.4	39.3

（2）流体类型。

让纳若尔油田地面原油物性具有以下特点：密度较低、黏度低、胶质沥青质含量低、凝固点低及硫含量高（表1.4、表1.5）。

表 1.4　地层原油性质统计表

地层	KT-Ⅰ	Г 北	Д 南上	Д 南下	Д 北
饱和压力（MPa）	21.65~28.14① 25.19	30.75~33.59 30.89	25.25~32.34 29.01	24.97~29.40 27.04	24.48~29.02 27.021
单脱含气量（m^3/t）	237.3~381.6 317	341.3~416.6 372	246.1~344.2 291.1	186.7~346.0 235.3	248.6~340.8 300.2
溶解气油比（m^3/t）	302	373	257.6	208.9	268.2
密度（g/cm^3）	0.63~0.7215 0.6562	0.615~0.6734 0.6395	0.651~0.6807 0.6699	0.6418~0.7281 0.6927	0.640~0.6752 0.6602
黏度（mPa·s）	0.20~0.51 0.282	0.18~0.52 0.284	0.24~0.45 0.31	0.26~0.80 0.53	0.20~0.40 0.30
体积系数	1.6862	1.814	1.525	1.455	1.521
压缩系数（10^{-3}/MPa）	1.525	2.788			
油层温度（℃）	57~62 61	74~81 75	74	74~76 75	74~79 78

①$\dfrac{变化范围}{平均值}$。

表 1.5　地面原油性质及馏分组成统计表

地层		KT-Ⅰ	Г 南、Г 北	Д 南上	Д 南下	Д 北
密度（g/cm^3）		0.8325	0.8069	0.8115	0.8232	0.8125
20℃时黏度（mPa·s）		3.67~6.04① 4.99	2.94~7.30 5.21	5.60~8.79 6.65	4.7~11.90 8.54	3.9~6.50 5.12
凝固点（℃）		-35~4 -13.7	-35~-2 -13	-12~5 -1	-33~1 -11	-9~1 -6
质量含量（%）	硫	0.46~1.50 0.91	0.45~1.39 0.80	0.77~1.43 1.11	0.7~1.54 1.21	0.5~0.88 0.70
	胶质	1.34~7.5 3.91	1.91~4.90 3.48	3.13~8.31 5.64	3.4~9.50 6.89	2.7~4.70 3.42
	沥青质	0.05~0.80 0.21	0.13~1.40 0.44	0.10~1.02 0.32	0.11~2.40 0.97	0.1~2.00 0.76
	石蜡	3.31~14.87 7.67	3.90~15.86 10.30	3.69~12.97 8.47	4.7~12.64 7.92	4.9~14.27 9.70

续表

地层		KT–Ⅰ	Γ 南、Γ 北	Д 南上	Д 南下	Д 北
馏分体积收率 （%）	初馏点 （100℃）	4~19 8	2~14 9	3~14 7	4~13 7	5~10 8
	到150℃	16~36 21	10~29 21	15~24 20	14~28 19	18~24 21
	到200℃	27~50 33	23~41 34	28~35 31	21~41 29	29~34 33
	到300℃	49~70 55	47~64 55	48~67 55	41~63 48	51~55 54

① $\dfrac{变化范围}{平均值}$。

让纳若尔油田地层水总矿化度KT–Ⅰ地层为87.48g/L，KT–Ⅱ地层为79.9g/L，地层水水型为$CaCl_2$型；地层水的黏度为0.52~0.61mPa·s，体积系数为1.01~1.018，密度为1.055~1.063g/cm³（表1.6）。

表1.6 地层水性质统计表

地层	KT–Ⅰ	Γ 北	Д 南上	Д 南下	Д 北
含气量（m³/t）	1.78	2.18			
压缩系数（10⁻⁴/MPa）	3.7691	3.8241			
体积系数	1.009~1.010① 1.01	1.018	1.018	1.018	1.018
黏度（mPa·s）	0.59~0.62 0.605	0.50~0.55 0.518	0.52	0.52	0.518
总矿化度（g/L）	72.9~93.75 87.48	68.3~96.4 79.9	77.7~80.6 79.2	79.2	79.9
密度（g/cm³）	1.058~1.069 1.063	1.048~1.067 1.056	1.0556	1.055	1.056

① $\dfrac{变化范围}{平均值}$。

1.3 气举采油技术发展历程

让纳若尔油田是一个孔隙、孔隙—裂缝、孔隙—孔洞型的石炭系碳酸盐储集层，KT–Ⅰ油藏埋深2850m，KT–Ⅱ油藏埋深3850m。地层原油性质具有密度低、黏度低、气油比高、体积系数大的特点。根据油藏特征、流体性质、单井产量等因素，1987 年基辅罗东方石油设计院编制的《让纳若尔凝析油气田开发工艺补充方案》及 2000 年新疆油气科学研究院编制的《让纳若尔凝析油气田开发方案》均推荐气举采油作为让纳若尔油田主要的人工举升方式。

气举采油从 2000 年开始在油田现场试验，经历了先导试验、创新攻关、规模应用三个阶段，到 2022 年，气举井数达到 585 口，占油田总井数 95.1%，气举井产量占油田产量 96.7%。

1.3.1 先导性试验（2000—2002 年）

为了验证气举采油技术在让纳若尔油田的适应性、可靠性和经济性，油田从 2000 年 8 月开始气举地面系统的恢复和建设，初期开展了先后 15 井次的气举采油先导试验，管柱均采用常规材料焊接可投捞式偏心工作筒，由于处于富含 H_2S 的井筒环境，工作筒筒体发生氢脆断脱，地面注气压力过低，造成气举采油井无法正常工作的情况，第一次气举采油以失败告终。随即吐哈气举技术中心采用固定式气举工作筒取代常规投捞式工作筒进行完井，于 2001 年 10 月首次在让纳若尔油田 2134 井应用成功，取得良好的举升增油效果，从而正式拉开了油田全面气举采油生产的序幕。

2002 年，根据气举采油先导试验结果显示：气举采油工艺是适合让纳若尔油田的人工举升方式，可以有效增大生产压差，实现高速高效开发。但流入流出动态等气举设计基础需要根据油藏特征攻关研究，防硫化氢气举完井工具亟待攻关研制。在此基础上编制了《让纳若尔油田气举采油工程方案设计》，为推进气举采油技术进步和规模应用奠定了基础。

1.3.2　创新攻关（2003—2010 年）

根据地质、储层和流体特征，开展多项技术攻关，气举技术的适应能力、可保障能力显著提高，气举应用规模不断扩大。研制了防硫化氢气举完井工具，保障了气举管柱的可靠性，奠定了气举规模应用的基础；研究形成了针对油田的产能预测、井筒多相流、工况诊断等技术，提高了气举工艺设计和诊断的准确性，以及气举采油效果；研发了压裂—气举一趟管柱技术及配套工具，降低了改造与完井成本，提升了措施效果；研发了邻井气气举和湿气气举技术及配套工具，扩大了气举规模，提升了气举效益；配套钢丝投捞技术及配套工具，延长了检修周期，降低了生产成本。2003—2010 年让纳若尔油田气举井数和产油量均大幅度增长（图 1.2）。

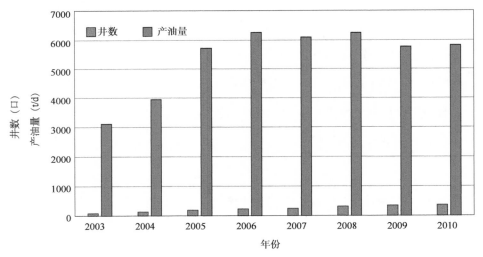

图 1.2　2003—2010 年气举井数和产油量对比

1.3.3　规模应用（2011—2022 年）

随着单井产量逐年降低，含水率不断升高，压裂酸化等增产措施不断推广应用，研制配套了 70MPa 高压可投捞式气举工具，实现单井压裂酸化 + 气举排液 + 完井投产 + 投捞维护一体化管柱，充分利用气举系统快速完井、快速见产，最大限度地降低单井投资成本；为消除多点注气工况、降低井口套压，推广应用大尺寸阀孔气举阀进行完井，同时不断优化气举设计方法加深注气深度，针对部分工况异常井，主动采取钢丝投捞作业，不断提高设计符合率和气举井生产工况正常率，使得油田保持高效开发。2011—2022 年气举技术在油田已经形成规模应用，截至 2022 年，让纳若尔油田气举井 585 口，占总井数的 95.1%，日产油量 3501t，产量贡献占比 96.7%，各项技术日趋成熟（图 1.3）。

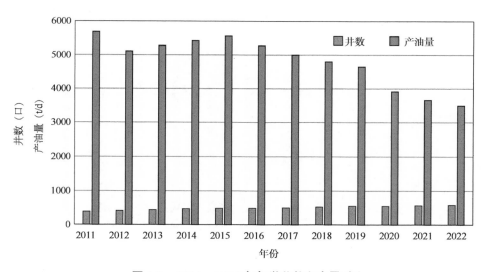

图 1.3　2011—2022 年气举井数和产量对比

肯基亚克油田盐下油藏为裂缝—孔隙性碳酸盐岩油藏，油藏埋深 4250~4400m，具备低黏度、低密度、高气油比、高饱和压力、中低含蜡、含硫化氢等特点。2012 年肯基亚克油田盐下气举采油先导性实验项目启动，鉴于第一批投产的 9 口井中，其中 6 口井都出现不同程度的腐蚀问题，后续整体采用脱水伴生气进行气举循环注气，后续自喷采油井均顺利完成气举投产。为了满足盐下大排量压裂改造对工具过流通道的需求，研制了大尺寸气举完井管柱，实现了压裂＋气举排液＋完井投产＋投捞维护一体化工艺管柱；鉴于现有地面注气管网系统压力注气深度有限，油田采用"变压降"为核心的低压油藏气举设计新方法，在不提高注气压力条件下加深气举深度，最终建成肯尼亚克油田高效的超深气举采油系统。2022年，气举规模58口，日产油量904t，气举井数和产油量均占肯基亚克油田盐下气举采油总井数和总产油量一半左右（图1.4）。

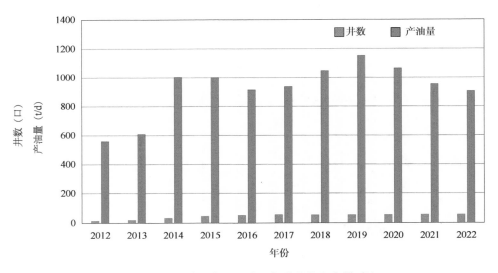

图1.4　肯基亚克油田盐下气举井数和产量对比

北特鲁瓦油田2016年开始人工接替，初期转气举20口井，日产油量320t，增产原油40%。可是随着气举井规模的不断扩大，由于地面供气系统建设严重滞后，导致气举采油始终达不到预期效果，组织开展邻井气气举试验，利用3口高压气井作为气源供气，节约了地面和井下作业投资。

目前北特鲁瓦油田井下气举管柱覆盖率 98%，截至 2022 年气举井 106 口，日产油量 662t，已形成了气举技术的规模开发和应用（图 1.5）。

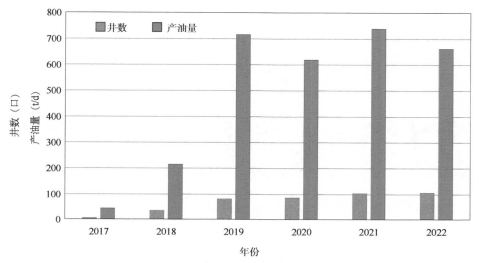

图 1.5　北特鲁瓦油田气举井数和产量对比

1.4　气举采油技术应用效果

经过 20 余年不断的探索与创新，让纳若尔气举技术逐步配套完善、应用规模逐年扩大，为油田高速高效开发提供了技术支撑，气举技术成为中油阿克纠宾油气公司上产 1000×10^4t 并稳产的关键技术之一。

（1）支持了气举创新平台建设，提升了气举技术自主创新能力。

2007 年，在吐哈油田建成了中国石油气举技术中心。2016 年建成中国石油气举试验基地，搭建了气举工艺模拟试验、气举远程监测与控制、气举配套工具及产品研发等 6 个子平台（图 1.6），满足工艺研究、工具及配套产品开发、基础理论研究等需求。2023 年建成气举试验基地气体泡沫采油技术试验平台。经过多年运行和功能开发，"气举工艺模拟试验平台"（图1.7）、"多相流试验研究平台（图1.8）""气举阀特性试验平台（图1.9）""气举产品性能试验平台""气体泡沫采油技术试验平台（图1.10）"等成为气举试验基地标志性试验装置。

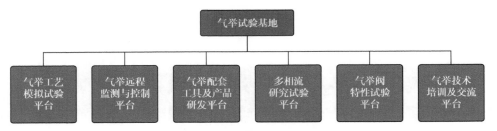

图1.6　气举试验基地平台组成

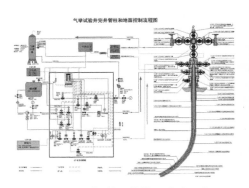

图1.7　气举工艺模拟试验平台

图1.8　多相流试验研究平台

图1.9　气举阀特性试验平台

图1.10　气体泡沫驱采油技术试验平台

（2）形成了系列气举技术，具备全过程服务能力。

中国石油气举技术中心研发形成了连续气举、邻井气气举、本井气气举、柱塞气举、气举快速返排、复合气举、气举排水采气、钢丝作业等八大技术系列，开发了连续气举完井工具、间歇气举完井工具、高压气举排液工具、钢丝作业工具、气举调试和试验设备等五大类 48 种 97 个规格的气举工具，制定了 2 项行业标准、12 项企业标准。具备油田气举采油可行性研究、方案编制、优化设计、产品供应、工况诊断、系统优化、生产管理等全过程服务能力。气举技术已成为中国石油特色技术利器。

（3）应用规模不断扩大，支撑中油阿克纠宾公司上产 $1000 \times 10^4 t$ 并稳产 10 年。

随着气举规模不断扩大，截至 2022 年让纳若尔油田、肯基亚克油田和北特鲁瓦油田气举井数占比分别为 95.1%、50.8% 和 54.6%，气举井产量占比分别为 96.7%、52.4% 和 69.8%。气举技术已成为中油阿克纠宾公司最主要生产方式（图 1.11）。

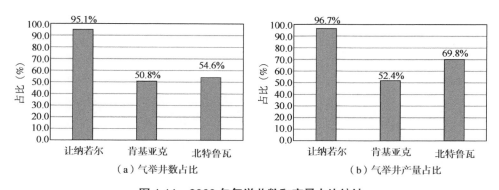

图 1.11 2022 年气举井数和产量占比统计

气举技术规模应用已为中油阿克纠宾公司累计增油 $671 \times 10^4 t$，为其上产并稳产 $1000 \times 10^4 t$ 做出重要贡献（图 1.12）。

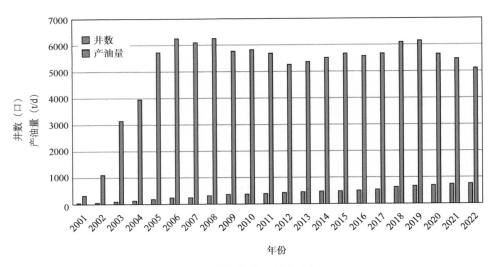

图 1.12　历年气举井数和产量对比

第2章　让纳若尔油田气举采油工程方案

让纳若尔油田是一个孔隙、孔隙—裂缝、孔隙—孔洞型的石炭系碳酸盐储层，分为 KT-Ⅰ层、KT-Ⅱ层上下两套层系。KT-Ⅰ油藏埋深 2850m，KT-Ⅱ油藏埋深 3850m。地层原油性质具有密度低、黏度低、气油比高、体积系数大的特点。根据油藏特征、流体性质、产量情况，1987 年基辅罗东方石油设计院编制的《让纳若尔凝析油气田开发工艺补充方案》及 2000 年新疆油气科学研究院编制的《让纳若尔凝析油气田开发方案》均把气举采油作为让纳若尔油田主要的人工举升方式。2002 年，随着油田的开发，油藏动态和油井生产状况皆发生了很大变化，为更好地推进气举技术应用，在先导试验的基础上，中油阿克纠宾公司委托吐哈石油勘探开发指挥部编制《让纳若尔油田气举采油工程实施方案》，指导气举采油工艺推进实施。

2.1　气举采油适应性

从油藏情况看，让纳若尔油田本身已具备气举采油所要求的许多有利条件，气举采油是该油田的理想机械采油方式。

（1）可靠的气源。让纳若尔油田为凝析油气田，原油中的溶解气油比

高达 $200{\sim}370\mathrm{m}^3/\mathrm{m}^3$，且有 $1004.81 \times 10^8\mathrm{m}^3$ 地质储量的气顶气资源，可为气举提供可靠的气源保障；

（2）让纳若尔油田为整装油田，油井分布相对集中，便于实施集中气举；

（3）油藏较深、腐蚀严重，大部分油井产能较高，拥有充足的储量基础，适合气举高压差生产、免修期长的优势，能够有效地放大生产压差，提高油井产量，实现油田高速开发。

2.2　气举生产系统设计

根据让纳若尔油田气源充足、油井集中、单井产量高的特点，优选推荐集中增压连续气举作为油田的主要气举方式，气举生产系统为闭式循环集中增压连续气举，从而实现注入气的循环利用，降低生产运行成本和系统气量需求，提高开发效益。气举闭式循环集中增压连续气举系统示意图如图 2.1 所示。

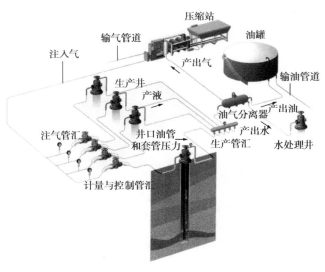

图 2.1　闭式循环集中增压连续气举系统示意图

让纳若尔油田主要系统组成及设备选型：

（1）气源：采用油气处理厂脱硫、脱水干气，天然气水露点低于 -45℃；

（2）压缩机：选用燃气驱动，柱塞增压压缩机组；

（3）配气间：采用 8 线式配气间，单个配气间连接气举井 8 口，配气间配套气体流量计、气量调节阀、可燃气体及硫化氢监测及报警系统、紧急切断阀及配气间通风系统；

（4）供气管网：整体管网采用干线、支线和单井管线三级设置，供气干线由压缩机站输送工艺气至油田南北区，供气支线由供气干线输送工艺气至各配气间，单井管线由配气间输送工艺气至各单井。

2.3　气举工艺参数优化

一个完整的气举采油系统建设，需要对气举核心工艺参数开展优化分析和评价工作，以支撑系统建设。主要的气举核心工艺参数包括并不限于注气压力、井口油压、油管管径及注气量等。

（1）注气压力。

根据注气压力敏感性分析结果（图 2.2），让纳若尔油田 KT-Ⅰ 层和 KT-Ⅱ 层的气举井适宜的地面注气压力约为 9MPa，考虑管输损耗及便于气举井投产启动，推荐单井供气压力为 9.5MPa。根据较大规模的气举系统压缩机的额定排气压力应高于所要求的管网供气压力约 2MPa。因此，推荐气举压缩机出口压力为 11.5~12MPa。

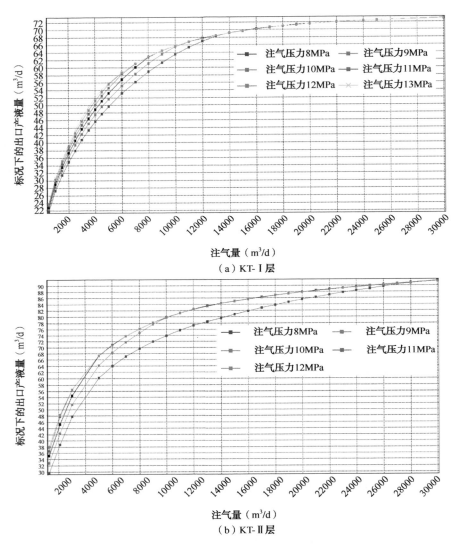

（a）KT-Ⅰ层

（b）KT-Ⅱ层

图2.2　注气压力敏感性分析图

（2）井口油压。

根据井口油压敏感分析结果（图2.3），要提高连续气举的效率，应尽可能地降低井口油压。结合油田地面油气集输要求井口进流程的油压为1.5MPa，推荐气举井生产井口油压1.5MPa。

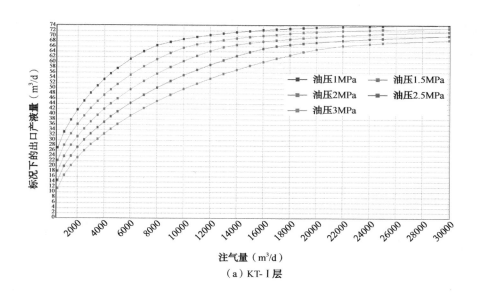

（a）KT-Ⅰ层

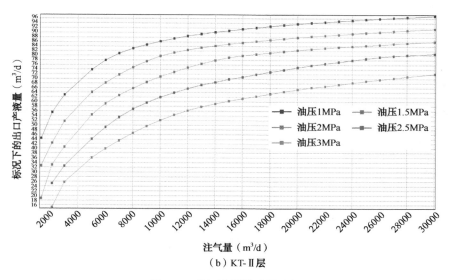

（b）KT-Ⅱ层

图 2.3　井口油压敏感性分析图

（3）油管尺寸。

根据油管尺寸敏感性分析结果（图 2.4），$2\frac{7}{8}$ in 油管举升效率更高；根据油管强度校核结果（表 2.1），$2\frac{3}{8}$ in 油管仅能部分满足 KT-Ⅰ 层使用，因油田具有强腐蚀特征，考虑油管作业安全性及便利性，油田统一选择 $2\frac{7}{8}$in 油管作为完井油管。

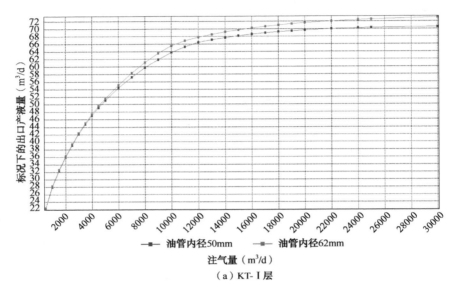

（a）KT-I层

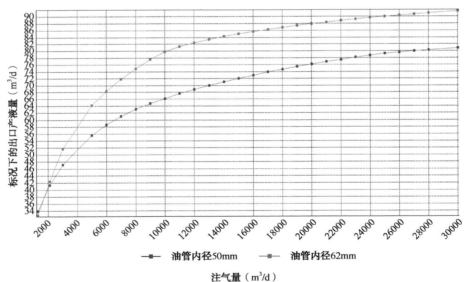

（b）KT-II层

图 2.4　油管尺寸敏感性分析图

表 2.1　油管强度校核结果表

油管螺纹	抗滑扣载荷（N）	最大允许下深（m）	
		$F=1.015$	$F=1.30$
$60.33 \times 50.67 \cdot$ TBG	298126	3558	2778
$60.33 \times 47.42 \cdot$ TBG	403686	4068	3176
$60.33 \times 50.67 \cdot$ VAM	281572	3310	2584
$60.33 \times 47.42 \cdot$ VAM	390155	3911	3053
$73.03 \times 59 \cdot$ TBG	544315	4070	3178
$73.03 \times 59 \cdot$ VAM	527857	3925	3065
$60.33 \times 50.67 \cdot$ UPTBG	353852	4277	3339
$60.33 \times 47.42 \cdot$ UPTBG	459412	4624	3601
$73.03 \times 59 \cdot$ UPTBG	611916	4601	3592

注：F 表示安全系数。

（4）注气量。

根据气举特性分析方法，依据气举特性曲线敏感参数进行油井分类，考虑含水变化，形成不同类型油井合理注气量。

气举特性曲线是指气举井注气量与产量关系曲线。实际应用时，在井口压力和注气点固定的情况下，由节点分析可求得不同产油量对应的注气量，将此产油量与注气量值对应点绘成曲线，即可获得气举井的"理论动态曲线"。单井的气举动态曲线是优化配气的依据，曲线有两个特殊点，即最大产液量点和经济注气量点，两者结合可以确定油井合理注气量范围，如图 2.5 所示。

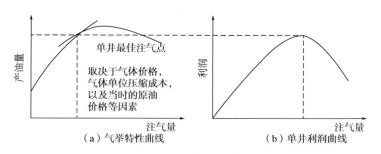

图 2.5　气举特性曲线分析图

气举举升特性由油井产能及流出动态共同决定。对油井产能影响较大的因素为产液指数、地层压力，对流出动态影响较大的是含水率及气油比。按照地层压力系数、产液指数、含水率将油井分成十二类，从而确定合理注气量范围。油井分类见表 2.2，含水率分级见表 2.3。

表 2.2 油井分类表

产液指数 地层压力系数	>3m³/（d·MPa）	≤3m³/（d·MPa）
>0.7	高产液指数高压油藏	低产液指数高压油藏
<0.7	高产液指数低压油藏	低产液指数低压油藏

表 2.3 含水率分级表

含水率	<20%	20%~40%	>40%
说明	低含水油井。气液、油水分离滑脱倾向均较低。气举举升效率高，气量敏感性低	中含水油井。气液分离滑脱倾向增加，油水分离严重。气举效率中等，气量敏感性中，可能造成井底积水	高含水油井。气液分离滑脱倾向进一步加剧，油水分离倾向降低。气举效率低，气量敏感性高，需增加注气量以保证举升

通过论证及分析，给出不同类型油井合理注气量范围（表 2.4），从计算结果可知让纳若尔油田气举井单井注气量范围为 4000~18000m³/d，随含水率上升及地层压力降低，单井需气量上升。

表 2.4 合理注气量预测表

含水率		<20%	20%~40%	>40%
注气量（m³/d）	高压高产液指数	2000~4000	6000~10000	9000~14000
	低压高产液指数	10000~13000	12000~15000	14000~18000
	低压低产液指数	6000~8000	6000~9000	8000~12000
	高压低产液指数	4000~6000	5000~8000	7000~11000

注：F_w 表示含水率。

2.4 气举采油管柱设计

2.4.1 气举生产流动方式选择

气举生产流动方式主要有环空注气油管生产［图 2.6（a）］和油管注气环空生产［图 2.6（b）］两种方式。其中，环空注气油管生产是主要的生产方式，油管注气环空生产仅适用于特高产油井。让纳若尔油田单井产量范围为 $30\sim200\mathrm{m^3/d}$，产出流体具有较强腐蚀性和结蜡倾向，综合考虑，推荐油田采用环空注气油管生产的气举方式，既能满足油井生产产量需求，也可以起到保护套管的作用。

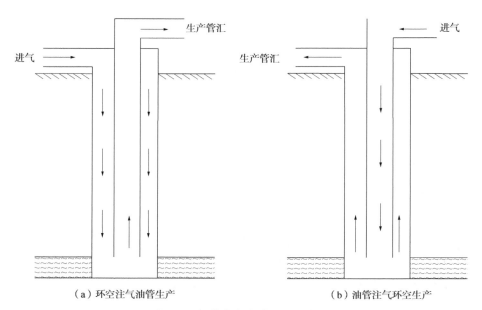

（a）环空注气油管生产　　　　（b）油管注气环空生产

图 2.6　气举生产流动方式示意图

2.4.2 气举完井管柱类型选择

目前连续气举井下管柱结构主要有三种形式：开式管柱、半闭式管柱和闭式管柱（图2.7）。其中开式管柱适用于高压、高产液指数油井，多用于管柱管脚具备可靠液封或者不具备下封隔器条件的油井；闭式管柱适用于低压、低产液指数油井，仅用于气举后期生产；半闭式管柱能够满足大多数油井使用，由于采用封隔器分隔储层及注气环空，可避免卸载和生产过程中注气压力对储层造成的回压。同时，油井停注气后，地层产出液不会进入环空，避免重新卸载过程中的阀冲蚀损坏。结合让纳若尔油田地层压力较低，套管完整性较好，难以形成可靠管脚液封等特点，推荐采用半闭式管柱结构。

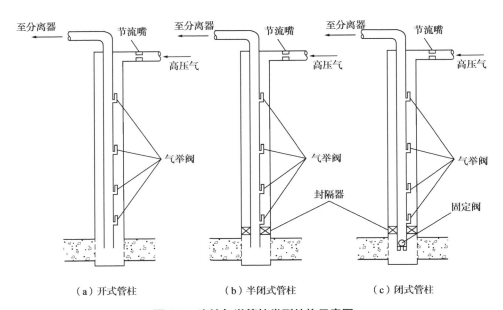

图2.7　连续气举管柱类型结构示意图

2.4.3　管柱结构及气举完井工具类型选择

（1）完井管柱设计。

依据让纳若尔油田储层低压，流体具有强腐蚀性、中高含蜡等特征，确定半闭式气举管柱设计原则：

①封隔器位于储层顶界 50m，满足气举注气深度、套管保护要求，适应低压储层气举需求；

②采用防腐蚀油管及井下工具，满足强腐蚀流体气举安全生产需求；

③由于油田结蜡点深，要求管柱满足热洗清蜡工艺实施需求。

根据以上原则，设计满足油田应用的半闭式气举生产管柱，管柱结构为多级气举阀 + 钢丝作业滑套 + 封隔器 + 坐放短节，如图 2.8 所示。

（2）气举工具类型选择。

气举完井管柱核心工具主要包括气举阀、偏心工作筒及封隔器三种，由于让纳若尔油田具有强腐蚀特征，要求井下工具均需满足防腐要求。

①气举阀。

气举阀是气举核心井下工具，起到控压、控流量和控制流动方向的作用。目前主要分为注气压力控制阀和生产压力控制阀两种（图 2.9），其中注气压力控制阀因便于设计，控制稳定，目前 90% 的气举生产井均采用此类气举阀；生产压力控制阀能够实现更高的地面注气压力利用率，但因其严重依赖精确的井筒管流数据，导致设计困难，工况稳定性较差，目前通常用于双管气举作业中。让纳若尔油田油井低压、高气油比的特性，使多相管流预测困难，精确率低，因此，推荐采用注气压力控制阀。

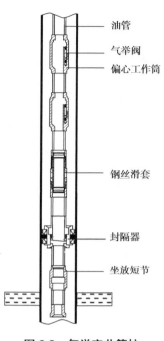

油管
气举阀
偏心工作筒

钢丝滑套

封隔器

坐放短节

图 2.8 气举完井管柱

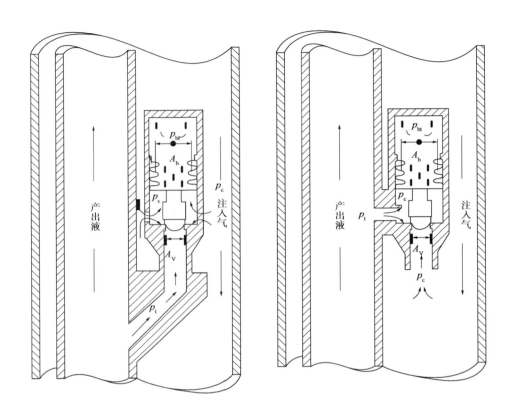

（a）注气压力操作阀　　　　　　　（b）生产压力操作阀

图 2.9　注气压力操作阀及生产压力操作阀示意图

②偏心工作筒。

偏心工作筒是气举阀的井下安装工具，主要分为固定式和可投捞式两种类型（图 2.10）。其中，固定式偏心工作筒气举阀以螺纹连接方式安装，只能通过更换管柱更换井下故障气举阀；可投捞偏心工作筒气举阀以锁领锁定方式连接，可以通过钢丝作业方式更换井下故障气举阀，减少了管柱作业。让纳若尔油田地层压力较低，动管柱作业易造成储层污染，因此，推荐可投捞式偏心工作筒作为主要的完井工具，高压措施作业类型管柱可采用固定式偏心工作筒。

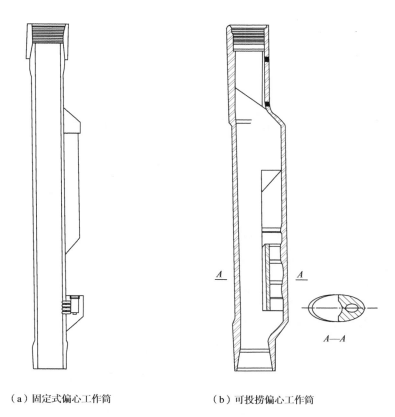

（a）固定式偏心工作筒 　　　　　（b）可投捞偏心工作筒

图 2.10　偏心工作筒结构示意图

③封隔器。

封隔器主要作用是分隔储层及井下注气环空，要求具备较好的气密封性，适合气举完井的封隔器类型主要是机械式封隔器及永久式封隔器，为降低作业难度，减少作业时间，推荐机械式封隔器作为让纳若尔油田的主要完井封隔器类型。

第3章 流入流出动态预测技术

气举设计是建立在对油藏、井筒精确模拟的基础之上。只有对油井生产的精确模拟，才能准确把握油井的生产状况，了解油井的生产特性，得出与油井相符的气举特性曲线，预测油井未来的生产变化，进而做出精确的气举设计。

气举设计所需基础数据主要如下：

（1）油藏数据：油藏埋深、地层压力、油藏温度、地温梯度、产出油气水密度、黏度、地层气油比、含水、饱和压力、油井实际测试工作点（产量及对应流压）；（2）完井数据：井深、井斜情况、套管尺寸、材质、组合程序、强度；（3）管柱数据：出油方式（油管出油、套管出油）、油管尺寸、长度；（4）地面参数：供气压力、启动压力、注入气相对密度、出油输送进站压力。

在气举设计中流入动态、流出流态直接影响油井的产量、工况以及气举阀的工作状况。

3.1 流入动态预测

要成功地进行气举设计，准确掌握油井的供液能力是十分重要的。油井供液能力影响气举采油设备、工具及气举采油方式的选择。完成一个好的气举设计不但要知道目前油井的供液能力，而且还要预测出油井未来的供液能力。油井供液能力由油井的流入动态表述，因此要准确预测油井的流入动态。然而，准确预测油井流入动态并非易事，需要大量的油井实际资料数据，对计算方法进行验证和加以针对性的修正。

油井生产的第一个流动过程就是油气从油层流向井底，遵循渗流规律。采油过程中常用油井的流入动态来表述这一过程的宏观规律。油井的流入动态是在一定的油藏压力下油井产量与井底流动压力的关系，反映了油藏向该井供液的能力。表示产量与流压关系的曲线称为流入动态曲线（Inflow Performance Relationship Curve），简称 IPR 曲线，如图 3.1 所示。从单井来讲，IPR 曲线表示了油层的工作特性。因而，它既是确定油井合理工作方式的依据，也是分析油井动态的基础。

所有从地层向井筒的流动视为流入动态。一口油井的流入动态与油藏特性紧密相关，如油藏压力、生产能力及流体组分等。流入动态预测是油井气举设计的基础，如果油井流入动态的预测失准，那么该井的气举设计的准确性及有效期限就值得怀疑。

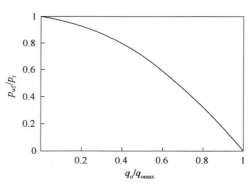

图 3.1　流入动态曲线

3.1.1　让纳若尔油田流入动态模型研究

让纳若尔油田是溶解气驱油藏，目前地层压力均小于饱和压力，油层内为油气两相渗流，油藏流体的物理和相渗透率明显随着压力而改变，油井产量与流压的关系为非线性。通过在让纳若尔油田试用多种方法，发现

IPR 曲线结果不理想。因此，根据油藏特点采用产液量、产油量实测数据拟合修正的办法，建立了两种新型 IPR 曲线，以适应不同含水量的复杂情况。

（1）第一种模型：

假设无因次 IPR 曲线为：

$$\frac{q_o}{q_{omax}} = \left[1 - a\frac{p_{wf}}{p_r} - (1-a)\left(\frac{p_{wf}}{p_r}\right)^2 \right]^n \tag{3-1}$$

$$q_{omax} = \frac{q_{otest}}{\left[1 - a\dfrac{p_{wftest}}{p_r} - (1-a)\left(\dfrac{p_{wftest}}{p_r}\right)^2 \right]^n} \tag{3-2}$$

$$q_o = \frac{q_{otest}}{\left(1 - a\dfrac{p_{wftest}}{p_r} - (1-a)\left(\dfrac{p_{wftest}}{p_r}\right)^2 \right)^n} \left(1 - a\frac{p_{wf}}{p_r} - (1-a)\left(\frac{p_{wf}}{p_r}\right)^2 \right)^n \tag{3-3}$$

式中　q_{omax}——无阻流量，m^3/d；

　　　p_r——地层压力，MPa；

　　　p_{wf}——井底流压，MPa；

　　　q_o——p_{wf} 条件下的油井产量，m^3/d；

　　　p_{wftest}——测试井底流压，MPa；

　　　q_{otest}——p_{wftest} 条件下的油井产量，m^3/d；

　　　a，n——随采出程度而变的参数。

由于油藏的静压力已经低于饱和压力，井底压力等于静压力时油井产量为零。按照传统假定，假设在静压力点上，产水量曲线与产油曲线的斜率相等，得到产水曲线（q_w–p_{wf}）的方程为：

$$q_{w} = \frac{\partial q_{o}}{\partial p_{wf}}(p_{wf} - p_{r}) \quad\quad (3-4)$$

根据水、油含量关系，得到产液量的方程：

$$q_{t} = f_{w}q_{w} + f_{o}(1 - q_{w}) = f_{w}n(p_{wf} - p_{r})\left[-\frac{a}{p_{r}} - \frac{2(1-a)p_{wf}}{p_{r}^{2}}\right]$$

$$\left[1 - \frac{ap_{wf}}{p_{r}} - \frac{(1-a)p_{wf}^{2}}{p_{r}^{2}}\right]^{n-1}\left[1 - \frac{ap_{wftest}}{p_{r}} - \frac{(1-a)p_{wftest}^{2}}{p_{r}^{2}}\right]^{-n}q_{otest} + (1 - f_{w})$$

$$\left\{1 - n(p_{wf} - p_{r})\left[-\frac{a}{p_{r}} - \frac{2(1-a)p_{wf}}{p_{r}^{2}}\right]\left[1 - \frac{ap_{wf}}{p_{r}} - \frac{(1-a)p_{wf}^{2}}{p_{r}^{2}}\right]^{n-1}\right.$$
$$\left.\left[1 - \frac{ap_{wftest}}{p_{r}} - \frac{(1-a)p_{wftest}^{2}}{p_{r}^{2}}\right]^{-n}q_{otest}\right\} \quad\quad (3-5)$$

$$= (2f_{w} - 1)n(p_{wf} - p_{r})\left[-\frac{a}{p_{r}} - \frac{2(1-a)p_{wf}}{p_{r}^{2}}\right]\left[1 - \frac{ap_{wf}}{p_{r}} - \frac{(1-a)p_{wf}^{2}}{p_{r}^{2}}\right]^{n-1}$$

$$\left[1 - \frac{ap_{wftest}}{p_{r}} - \frac{(1-a)p_{wftest}^{2}}{p_{r}^{2}}\right]^{-n}q_{otest} + 1 - f_{w}$$

式中　f_{w}——油井含水率，%；

　　　f_{o}——油井含油率，%；

　　　q_{t}——油井产液量，m^{3}/d；

　　　q_{w}——油井产水量，m^{3}/d。

其中方程（3-3）和方程（3-5）中含有两个未知数 a、n，分别为通过测试压力下对应的产油量和产液量，就可以确定两个未知数 a，n，从而得到无因次 IPR 曲线（3-1）。

（2）第二种模型：

一般在含水量较高或测试压力很小时，采用第一种模型得不到未知数 a、n 的解，此时需要研究不同形式的 IPR 形式。同样需要新的 IPR 曲线通过测试点（p_{wftest}，q_{o}），同时根据含水量加权形式得到的产液量通过测试点（p_{wftest}，q_{t}）。

采用与以上相似的思路，推导过程如下：

$$\frac{q_o}{q_{omax}} = \left[1 - a\frac{p_{wf}}{p_r} - b\left(\frac{p_{wf}}{p_r}\right)^{d_1} - (1-a-b)\left(\frac{p_{wf}}{p_r}\right)^{d_2}\right]^n \quad （3\text{-}6）$$

$$q_{omax} = \frac{q_t}{\left[1 - a\frac{p_{wftest}}{p_r} - b\left(\frac{p_{wftest}}{p_r}\right)^{d_1} - (1-a-b)\left(\frac{p_{wftest}}{p_r}\right)^{d_2}\right]^n} \quad （3\text{-}7）$$

$$q_o = \frac{q_t\left[1 - a\frac{p_{wf}}{p_r} - b\left(\frac{p_{wf}}{p_r}\right)^{d_1} - (1-a-b)\left(\frac{p_{wf}}{p_r}\right)^{d_2}\right]^n}{\left[1 - a\frac{p_{wftest}}{p_r} - b\left(\frac{p_{wftest}}{p_r}\right)^{d_1} - (1-a-b)\left(\frac{p_{wftest}}{p_r}\right)^{d_2}\right]^n} \quad （3\text{-}8）$$

由于油藏的静压力已经低于饱和压力，井底压力等于静压力时油井产量为零。按照传统假定，假设在静压力点上，产水量曲线与产油曲线的斜率相等，得到产水曲线的方程为：

$$q_w = \frac{\partial q_o}{\partial p_{wf}}(p_{wf} - p_r) \quad （3\text{-}9）$$

根据水、油含量关系，得到产液量的方程：

$$
\begin{aligned}
q_t &= f_w q_w + f_o(1 - q_w) \\
&= \frac{f_w\left[-\dfrac{a}{p_r} - \dfrac{bd_1}{p_r} - \dfrac{(1-a-b)d_2}{p_r}\right](p_{wf} - p_r)q_{otest}}{1 - \dfrac{ap_{wftest}}{p_r} - b\left(\dfrac{p_{wftest}}{p_r}\right)^{d_1} - (1-a-b)\left(\dfrac{p_{wftest}}{p_r}\right)^{d_2}} \\
&\quad + \frac{(1-f_w)\left[1 - \dfrac{ap_{wf}}{p_r} - b\left(\dfrac{p_{wf}}{p_r}\right)^{d_1} - (1-a-b)\left(\dfrac{p_{wf}}{p_r}\right)^{d_2}\right]q_{otest}}{1 - \dfrac{ap_{wftest}}{p_r} - b\left(\dfrac{p_{wftest}}{p_r}\right)^{d_1} - (1-a-b)\left(\dfrac{p_{wftest}}{p_r}\right)^{d_2}}
\end{aligned}
\quad （3\text{-}10）
$$

其中方程（3–8）和方程（3–10）中含有四个未知数 a, b, d_1, d_2，通过测试压力下对应的产油量和产液量，再通过数值计算反复试算，就可以确定四个未知数 a, b, d_1, d_2，从而得到无因次 IPR 曲线（3–6）。

3.1.2　让纳若尔油田分井层流入动态模型拟合

为了更适应让纳若尔多层系开发油田，根据气举井测试数据，进行分井层拟合，得到不同井层、不同含水阶段的 IPR 曲线方程（表 3.1）。

表 3.1　不同含水率条件下拟合 IPR 曲线方程

层位	含水率	拟合 IPR 曲线方程
北区 Б 层	<15%	$$\frac{q_o}{q_{omax}} = 1 - 0.35\frac{p_{wf}}{p_r} - 0.65\left(\frac{p_{wf}}{p_r}\right)^2$$
	15%~50%	$$\frac{q_o}{q_{omax}} = \left[1 - 0.35\frac{p_{wf}}{p_r} - 0.65\left(\frac{p_{wf}}{p_r}\right)^2\right]^{0.984}$$
	>50%	$$\frac{q_o}{q_{omax}} = \left[1 - \left(\frac{p_{wf}}{p_r}\right)^2\right]^{0.978}$$
北区 В 层	<15%	$$\frac{q_o}{q_{omax}} = \left[1 - 0.35\frac{p_{wf}}{p_r} - 0.65\left(\frac{p_{wf}}{p_r}\right)^2\right]^{0.989}$$
北区 Г 层	<5%	$$\frac{q_o}{q_{omax}} = \left[1 - 0.35\frac{p_{wf}}{p_r} - 0.65\left(\frac{p_{wf}}{p_r}\right)^2\right]$$
	5%~10%	$$\frac{q_o}{q_{omax}} = \left[1 - 0.35\frac{p_{wf}}{p_r} - 0.65\left(\frac{p_{wf}}{p_r}\right)^2\right]^{0.989}$$
	10%~15%	$$\frac{q_o}{q_{omax}} = \left[1 - 0.25\frac{p_{wf}}{p_r} - 0.75\left(\frac{p_{wf}}{p_r}\right)^2\right]^{0.984}$$
	15%~30%	$$\frac{q_o}{q_{omax}} = \left[1 - 0.15\frac{p_{wf}}{p_r} - 0.85\left(\frac{p_{wf}}{p_r}\right)^2\right]^{0.982}$$
	30%~50%	$$\frac{q_o}{q_{omax}} = \left[1 - 0.35\frac{p_{wf}}{p_r} - 0.65\left(\frac{p_{wf}}{p_r}\right)^2\right]^{0.979}$$

续表

层位	含水率	拟合 IPR 曲线方程
北区 Γ 层	>50%	$$\frac{q_{o}}{q_{omax}}=\left[1-0.35\frac{p_{wf}}{p_{r}}-0.05\left(\frac{p_{wf}}{p_{r}}\right)^{3}-0.6\left(\frac{p_{wf}}{p_{r}}\right)^{7}\right]$$
北区 Д 层	<5%	$$\frac{q_{o}}{q_{omax}}=1-0.35\frac{p_{wf}}{p_{r}}-0.65\left(\frac{p_{wf}}{p_{r}}\right)^{2}$$
	5%~10%	$$\frac{q_{o}}{q_{omax}}=\left[1-0.25\frac{p_{wf}}{p_{r}}-0.75\left(\frac{p_{wf}}{p_{r}}\right)^{2}\right]^{0.985}$$
	>15%	$$\frac{q_{o}}{q_{omax}}=\left[1-0.15\frac{p_{wf}}{p_{r}}-0.85\left(\frac{p_{wf}}{p_{r}}\right)^{2}\right]^{0.982}$$
南区 Б 层	<5%	$$\frac{q_{o}}{q_{omax}}=1-0.25\frac{p_{wf}}{p_{r}}-0.75\left(\frac{p_{wf}}{p_{r}}\right)^{2}$$
	5%~10%	$$\frac{q_{o}}{q_{omax}}=1-0.408\frac{p_{wf}}{p_{r}}-0.275\left(\frac{p_{wf}}{p_{r}}\right)^{3}-0.316\left(\frac{p_{wf}}{p_{r}}\right)^{6}$$
	10%~20%	$$\frac{q_{o}}{q_{omax}}=\left[1-0.35\frac{p_{wf}}{p_{r}}-0.65\left(\frac{p_{wf}}{p_{r}}\right)^{2}\right]^{0.989}$$
南区 В 层	<5%	$$\frac{q_{o}}{q_{omax}}=1-0.25\frac{p_{wf}}{p_{r}}-0.75\left(\frac{p_{wf}}{p_{r}}\right)^{2}$$
	5%~10%	$$\frac{q_{o}}{q_{omax}}=1-0.392\frac{p_{wf}}{p_{r}}-0.275\left(\frac{p_{wf}}{p_{r}}\right)^{3}-0.332\left(\frac{p_{wf}}{p_{r}}\right)^{6}$$
	>15%	$$\frac{q_{o}}{q_{omax}}=\left[1-0.35\frac{p_{wf}}{p_{r}}-0.65\left(\frac{p_{wf}}{p_{r}}\right)^{2}\right]^{0.971}$$
南区 Γ 层	<15%	$$\frac{q_{o}}{q_{omax}}=1-0.25\frac{p_{wf}}{p_{r}}-0.75\left(\frac{p_{wf}}{p_{r}}\right)^{2}$$
南区 Д 层	<5%	$$\frac{q_{o}}{q_{omax}}=1-0.25\frac{p_{wf}}{p_{r}}-0.75\left(\frac{p_{wf}}{p_{r}}\right)^{2}$$
	5%~10%	$$\frac{q_{o}}{q_{omax}}=\left[1-0.3\frac{p_{wf}}{p_{r}}-0.7\left(\frac{p_{wf}}{p_{r}}\right)^{2}\right]^{0.988}$$

续表

层位	含水率	拟合 IPR 曲线方程
南区 Ⅱ 层	10%~15%	$$\frac{q_{o}}{q_{omax}} = \left[1 - 0.25\frac{p_{wf}}{p_{r}} - 0.75\left(\frac{p_{wf}}{p_{r}}\right)^{2}\right]^{0.984}$$
	15%~35%	$$\frac{q_{o}}{q_{omax}} = \left[1 - 0.25\frac{p_{wf}}{p_{r}} - 0.75\left(\frac{p_{wf}}{p_{r}}\right)^{2}\right]^{0.983}$$
	>35%	$$\frac{q_{o}}{q_{omax}} = 1 - 0.467\frac{p_{wf}}{p_{r}} - 0.175\left(\frac{p_{wf}}{p_{r}}\right)^{3} - 0.357\left(\frac{p_{wf}}{p_{r}}\right)^{6}$$

3.2 流出动态预测

所谓油井的流出状态，就是井液从井底到地面的流动过程，如图 3.2 所示。油井流出动态反映井液在油管中流动的压力损失，取决于许多复杂因素，如流体特性、油井结构、管线尺寸、井口回压、流体速率及管线粗糙度等。油井流出动态是气举阀分布设计的基础，是气举阀调试的依据，也是气举井动态分析的基础。

要保证气举设计和分析的有效性，就必须准确掌握井筒内液体的压力分布。而要掌握井筒内液体的压力分布，就必须清楚井液在井筒内的流动情况，准确了解井液在井筒内的流动型态，因此必须建立精确的井液在井筒流动的数学模型，从而对井液流动进行数学分析。由

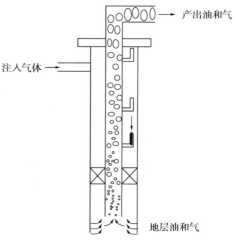

图 3.2 油井的流出动态

于井液在井筒中内的流动，常常不是单相的，而是多相并存的，因此必须建立有效的多相管流计算公式，才能准确地模拟井筒内的液体流动状况，进而掌握井筒内的压力分布情况。

3.2.1　流动型态的划分

要想建立多相管流相关式，必须对液体在井筒内的流动型态进行划分。图3.3为Moreland油田气液两相垂直流动的流型示意图，它将井筒内的气液两相流动划分为四种流动型态：泡（沫）流、段塞流、环状流、雾状流。由图可知，井液在井筒的流动是复杂的、变化的，因此对多相管流进行流动型态的划分是十分重要的。

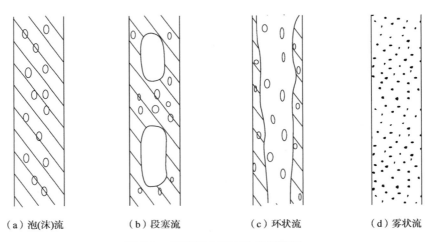

（a）泡(沫)流　　　（b）段塞流　　　（c）环状流　　　（d）雾状流

图3.3　气液混合垂直流典型流型

当流体刚从地层流到井筒时，井筒内流体的压力高于饱和压力，气体还没有从原油中分离出来，井内流体保持液相流动，此时流体的流动符合液体流动规律。

如图3.3（a）所示，泡（沫）流为当井筒内流体的压力稍低于饱和压力时，部分气体从原油中分离出来，以小气泡的形式分散于原油当中，此时流体变为气、液两相，井筒内流体的流动变为气、液两相流动。泡（沫）流分散相为气相，连续相为液相。泡（沫）流的小气泡具有一定的膨胀能量，但由于气泡在井筒横断面上所占的比例很小，且气体和液体的密度相差很大所以气泡容易从液体中滑脱自行上升。此时气泡的能量几乎没有起到举液作用，这种能量损失称为滑脱损失。泡（沫）流的滑脱损失在五种流动型态中最为严重。

如图 3.3（b）所示，段塞流为当井筒内流体的压力进一步低于饱和压力时，气体进一步分离出来，并且进一步膨胀，形成气体段塞，使井筒内形成一段气体、一段液体的流动型态。段塞流中气体像活塞一样对液体具有很强的举升作用，气体的膨胀能量得到充分的利用。但是，这种气柱就像不严密的柱塞，在举液过程中，部分已被上举的液体又沿着气柱的边缘滑脱下来，需要重新被上升的气流举升，因此在段塞流型态下，仍有一定的滑脱损失。

如图 3.3（c）所示，环状流为随着气体的分离和膨胀，气体的柱塞不断加长而突破液体段塞，形成中间为连续气流（气流中可能存在分散的小液滴），管壁附近形成为环形液流的流动型态。此时气体携带液体的能力很强，气液间滑脱程度较小（体现为气芯与液环间速度差别）。

如图 3.3（d）所示，雾状流为当气体的量继续增加时，中间的气柱几乎占了整个井筒的横断面，液体呈滴状分散在气柱之中的一种流动型态。由于液体被高速的气流所携带，所以几乎没有滑脱损失，此时气体的速度增加很快，开始出现明显的加速度损失。其分散相为液相，连续相为气相，在四种型态中滑脱损失最小。

3.2.2 常用多相管流相关式简介

本书着重介绍以下两种通用性较强的多相管流相关式。

（1）Beggs-Brill 方法。

Beggs-Brill 方法可用于水平、垂直和任意倾斜气液两相管流计算，是 Beggs 和 Brill 基于在长 15m，直径 25.4mm 和 38mm 聚丙烯管中，用空气和水进行实验提出的，也是目前用于斜直井、定向井和水平井筒多相流动计算的一种较普遍的方法。

该方法包含了水平和垂直气液两相流的全部型态：泡流、团流、分层流、波状流、段塞流、环状流和雾流。并将其归为三类：分离流（分层流、波状流和环状流）、间歇流（团流和段塞流）和分散流（泡流和雾流）。先以水平管流计算，然后采用倾斜校正系数校正成相应的倾斜管流，因此既可用于水平管，也可用于垂直管和倾斜管的上坡和下坡流动。

①基本方程

$$-\frac{\mathrm{d}p}{\mathrm{d}Z}=\frac{\left[\rho_\mathrm{l}H_\mathrm{l}+\rho_\mathrm{g}\left(1-H_\mathrm{l}\right)\right]g\sin\theta+\dfrac{\lambda Gv}{2DA}}{1-\left\{\left[\rho_\mathrm{l}H_\mathrm{l}+\rho_\mathrm{g}\left(1-H_\mathrm{l}\right)\right]vv_\mathrm{sg}\right\}/p} \qquad （3-11）$$

式中　p——压力，MPa；

$\dfrac{\mathrm{d}p}{\mathrm{d}Z}$——压力梯度；

λ——流动阻力系数；

D——管的内径，m；

A——管的流通截面积，m^2；

v——混合物的平均流速，m/s；

G——混合物的质量流量，kg/s；

v_sg——气相表现（折算）流速，m/s；

θ——管柱与水平方向的倾角，（°）；

Z——沿井筒方向的长度，m；

H_l——持液率，%；

g——重力加速度，m/s^2；

ρ_l——液体密度，kg/m^3；

ρ_g——气体密度，kg/m^3。

②流型分布图及流型判别式。

如前所述，Beggs–Brill 将流型归为三类：分离流、间歇流、分散流。根据实验的结果绘制的流型图如图 3.4 所示，该图以弗洛德数 N_{Fr} 为纵坐标，入口体积含液率（无滑脱持液率）E_l 为横坐标。

$$N_{fr} = \frac{v^2}{gD} \quad\quad (3\text{--}12)$$

$$E_l = \frac{Q_l}{Q_l + Q_g} \quad\quad (3\text{--}13)$$

式中　Q_l——入口液相体积流量，m^3/s；

　　　Q_g——入口气相体积流量，m^3/s。

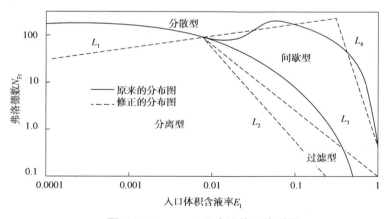

图 3.4　Beggs–Brill 方法修正流型图

图中用 L_1、L_2、L_3 和 L_4 分成了四个流型区，在分离流和间歇流之间增加了过渡区。

$$L_1 = 316E_1^{0.302} \tag{3-14a}$$

$$L_2 = 92.52 \times 10^{-5}E_1^{-2.4684} \tag{3-14b}$$

$$L_3 = 0.10E_1^{-6.733} \tag{3-14c}$$

$$L_4 = 0.5E_1^{-6.733} \tag{3-14d}$$

计算出 N_{Fr}、E_1 和 L_1、L_2、L_3、L_4 就可以利用表 3.2 确定出管子处于水平位置时的流型。

表 3.2　Beggs–Brill 方法中的流型判别

判别条件	流型
$E_1 < 0.01$，$N_{Fr} < L_1$ 或 $E_1 \geq 0.01$，$N_{Fr} < L_2$	分离流
$E_1 \geq 0.01$，$L_2 < N_{Fr} \leq L_3$	过渡流
$0.01 < E_1 \leq 0.4$，$L_3 < N_{Fr} < L_1$ 或 $E_1 \geq 0.4$，$L_3 < N_{Fr} < L_4$	间歇流
$E_1 < 0.01$，$N_{Fr} \geq L_1$ 或 $E_1 \geq 0.4$，$N_{Fr} > L_4$	分散流

③持液率及混合物密度确定。

如前所述，Beggs–Brill 方法计算倾斜管流首先按水平管计算，然后进行倾斜校正。

$$H_1(\theta) = H_1(0)\psi \tag{3-15}$$

式中　$H_1(\theta)$——倾角为 θ 的气液两相流动的持液率；

　　　$H_1(0)$——同样流动参数下，水平流动时的持液率；

　　　ψ——倾斜校正系数。

$$H_1(0) = \frac{aE_1^b}{N_{Fr}^C} \tag{3-16}$$

a、b、c 为取决于流型的常数，见表 3.3。

表 3.3　a、b、c 常数表

流型	a	b	c
分离流	0.98	0.4846	0.0868
间歇流	0.845	0.5351	0.0173
分散流	1.065	0.5929	0.0609

利用表 3.3 和式（3–16）计算出的 $H_l(0)$，必须满足 $H_l(0) > E_l$，否则，取 $H_l(0) = E_l$。因为 E_l 实际上是无滑脱时的持液率，而 $H_l(0)$ 为存在滑脱时的持液率，因此，$H_l(0)$ 的最小值是 E_l。

实验结果表明，倾斜校正系数 ψ 不仅与倾斜角 θ 有关，而且与无滑脱持液率 E_l、弗洛德数及液体速度数有关。图 3.5 为其中的三组实验结果。

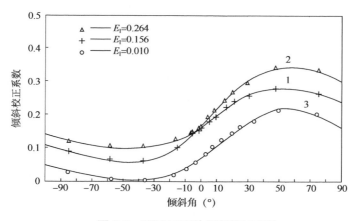

图 3.5　不同 E_l 下的倾斜校正系数

根据实验结果回归的倾斜校正系数 ψ 的相关式如下：

$$\psi = 1 + C\left[\sin(1.8\theta) - \frac{1}{3}\sin^3(1.8\theta)\right] \tag{3-17}$$

对于垂直管：

$$\psi = 1 + 0.3C \qquad (3-18)$$

系数 C 与无滑脱持液率 E_1、弗洛德数和液相速度数 N_{vl} 有关。

$$N_{vl} = v_{sl}\left(\frac{\rho_1}{g\sigma}\right)^{\frac{1}{4}} \qquad (3-19)$$

式中　v_{sl}——液相表观流速，m/s；

　　　ρ_1——液相密度，kg/m³；

　　　σ——液体表面张力，N/m；

　　　g——重力加速度，m²/s。

$$C = (1 - E_1)\ln[d(E_1)^e(N_{vl})^f(N_{Fr})^j] \qquad (3-20)$$

式中的系数 d、e、f 和 j 由表 3.4 根据流型来确定。

表 3.4　系数 d、e、f、j 的确定

流型	上 / 下坡	d	e	f	j
分离型	上坡	0.011	e	3.539	−1.614
间歇流	上坡	2.96	e	−0.4473	0.0978
分散流	上坡	不修正 c=0，ψ=1，$H_1(\theta)$ 与 θ 无关			
各种流型	下坡	4.7	−0.3692	0.1244	−0.5056

确定 $H_1(0)$ 和 ψ 之后，可得到 $H_1(\theta)$。对于过渡流型，则先分别用分离流和间歇流计算出 $H_1(\theta)$，采用内插法确定其持液率。

$$H_1(\theta) = AH_1(分离) + BH_1(间歇) \qquad (3-21)$$

$$A = \frac{L_3 - N_{Fr}}{L_3 - L_2} \qquad (3-22)$$

$$B = \frac{N_{Fr} - L_2}{L_3 - L_2} = 1 - A \qquad (3-23)$$

利用持液率可由下式计算混合物实际密度：

$$\rho = \rho_l H_l + \rho_g (1 - H_l) \qquad (3\text{-}24)$$

④阻力系数 λ 的计算。

为了确定气液两相流的摩擦阻力系数 λ，Beggs 和 Brill 利用实验结果研究了气液两相流阻力系数 λ 与无滑脱气液两相流阻力系数 λ' 的比值（λ / λ'）和持液率及无滑脱持液率（入口体积含液率）E_l 之间的关系。

根据其研究结果提出了下面的气液两相流阻力系数的计算方法和相关式：

$$\left(\frac{\lambda}{\lambda'} \right) = e^s \qquad (3\text{-}25)$$

$$s = \frac{\ln y}{-0.0523 + 3.18 \ln y - 0.8725 (\ln y)^2 + 0.01853 (\ln y)^4} \qquad (3\text{-}26)$$

$$y = \frac{E_l}{\left[E_l(\theta) \right]^2} \qquad (3\text{-}27)$$

当 $1 < y < 1.2$ 时，

$$s = \ln (2.2y - 1.2) \qquad (3\text{-}28)$$

$$\lambda' = \left\{ 2 \lg \left[N'_{Re} / \left(4.5332 \lg N'_{Re} - 3.8125 \right) \right] \right\}^{-2} \qquad (3\text{-}29)$$

$$N'_{Re} = \frac{Dv \left[\rho_l E_l + \rho_g (1 - E_l) \right]}{\mu_l E_l + \mu_g (1 - E_l)} \qquad (3\text{-}30)$$

式中　N'_{Re}——两相流动的雷诺数；

　　μ_l——液体黏度，$mPa \cdot s$；

　　μ_g——气体黏度，$mPa \cdot s$。

λ' 也可用 Moody 图上的光滑管曲线来确定或采用下面的相关式计算：

$$\lambda' = 0.0056 + \frac{0.5}{\left(N'_{\text{Re}}\right)^{0.32}} \qquad (3-31)$$

计算出 s 和 λ' 之后由下式确定气液两液流阻力系数：

$$\lambda = \lambda' e^{s} \qquad (3-32)$$

（2）Orkiszewski 方法。

Orkiszewski 方法是对已发表的几种主要方法加以分析综合之后于 1967 年提出的，只适用于计算气液两相垂直管流。

Orkiszewski 对几种主要的方法与实测资料进行了对比，发现其中 Griffith-Wallis 的方法及 Duns-Ros 的方法比较精确。而 Griffith-Wallis 的方法对段塞流在低流速范围内比较可靠，但在高流速下不够准确。Duns-Ros 的方法亦有类似问题。Orkiszewski 方法是把 Griffith 计算段塞流的相关式加以改进后推广到了高流速区，从而扩大了应用范围，在处理过渡流型时，采用了与 Ros 相同的办法（内插法）。Orkiszewski 强调要从观察到的物理现象来确定存容比（多相流动的某一管段中某相流体体积与管段容积之比，也称滞留率），计算段塞流压力梯度时要考虑气相与液相的分布关系，并提出的四种流动型态是：泡流、段塞流、过渡流及雾流。针对每种流动型态提出了存容比及摩擦损失的计算方法。

①压力降公式及流动型态划分界限。

在垂直管流中，其压力降是摩擦能量损失、势能变化和动能变化之和，因为动能变化（加速度引起的压力损失）和摩擦损失及势能变化比较起来很小，可以忽略不计，因此可推导出压力降公式为：

$$\Delta p_{k} = \left(\frac{\overline{\rho_{m}}g + \tau_{f}}{1 - \frac{W_{t}q_{g}}{A_{P}^{2}\overline{p}}} \right) \Delta h_{k}$$ （3-33）

式中 Δp_{k}——计算管段的压力降，Pa；

       Δh_{k}——计算管段的深度差，m；

       $\overline{p}$——计算管段的平均压力，Pa；

       $\overline{\rho_{m}}$——混合物密度，kg/m³；

       τ_{f}——摩擦损失梯度，Pa/m；

       W_{t}——质量流量，kg/s；

       q_{g}——体积流量，m³/s；

       A_{P}——管流通面积，m²。

不同流动型态下的 $\overline{\rho_{m}}$ 和 τ_{f} 的计算方法不同，因此，计算中首先要判断流动型态。该方法的四种流动型态的划分界限见表 3.5。

表 3.5   Orkiszewski 法的判别界限

流动型态	界限
泡流	$\frac{q_{g}}{q_{t}} < L_{B}$
段塞流	$\frac{q_{g}}{q_{t}} > L_{B}, \overline{\overline{v_{g}}} < L_{S}$
过渡流	$L_{M} > \overline{\overline{v_{g}}} > L_{S}$
雾流	$\overline{\overline{v_{g}}} > L_{M}$

表 3.5 中 $\overline{\overline{v_{g}}}$ 为无因次气体流速，L_{B} 泡流界限，L_{S} 段塞流界限，L_{M} 为雾流界限。它们的计算方法分别如下：

$$\overline{\overline{v_{g}}} = \frac{q_{g}}{A_{P}} \left(\frac{\rho_{l}}{g\sigma} \right)^{\frac{1}{4}}$$ （3-34）

$L_B=1.071-0.727\dfrac{v_t^2}{D}$ 且 $L_B\geqslant 0.13$（如果 $L_B<0.13$，则取 $L_B=0.13$）时，

$$L_S = 50 + 36\overline{\overline{v_g}}\dfrac{q_l}{q_g} \qquad (3-35)$$

$$L_M = 75 + 84\left(\overline{\overline{v_g}}\dfrac{q_l}{q_g}\right)^{0.75} \qquad (3-36)$$

式中　v_t——在 $\overline{p}$、$\overline{T}$ 下的总的流动速度（混合物流速），m/s；

　　　ρ_l——在 $\overline{p}$、$\overline{T}$ 下的液体密度（油水混合物按体积加权平均），kg/m³；

　　　σ——在 $\overline{p}$、$\overline{T}$ 下的液体表面张力（若油水混合物则取体积加权平均值），N/m；

　　　D——管子内径，m；

　　　q_l、q_g、q_t——在 $\overline{p}$、$\overline{T}$ 下的液体、气体及总的体积流量，m³/s；

　　　$\overline{T}$——计算管段的平均温度，K。

②平均密度及摩擦损失梯度的计算。

由于不同流动型态下各种参数的计算方法不同，因此需要按流型分别介绍。

a. 泡流。

平均密度：

$$\rho_m = (1-H_g)\rho_l + H_g\rho_g \qquad (3-37)$$

$$H_g = \dfrac{1}{2}\left[1+\dfrac{q_t}{v_S A_P} - \sqrt{\left(1+\dfrac{q_t}{v_S A_P}\right)^2 - \dfrac{4q_g}{v_S A_P}}\right] \qquad (3-38)$$

式中　v_S——滑脱速度，由试验确定，一般取 0.244m/s；

ρ_g、ρ_l、ρ_m——在 $\overline{p}$、$\overline{T}$ 下气体、液体和混合物的密度，kg/m³；

H_g——气相存容比（含气率），计算管中气相体积与管段容积比值。

泡流摩擦损失梯度按液相进行计算：

$$\tau_f = f \frac{\rho_l v_{lh}^2}{2D} \qquad (3\text{--}39)$$

$$v_{lh} = \frac{q_l}{A_p \left(1 - H_g\right)} \qquad (3\text{--}40)$$

式中 f——摩擦阻力系数；

v_{lh}——液相真实流速，m/s。

摩擦阻力系数 f 可根据管壁相对粗糙度 $\frac{\varepsilon}{D}$ 和液相雷诺数 N_{Re} 查图 3.6 可得出。

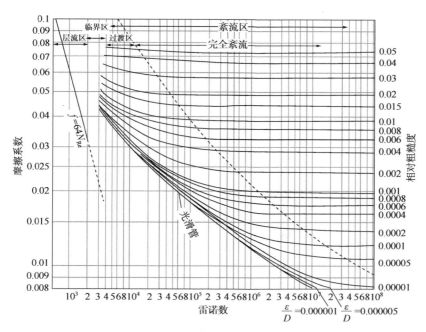

图 3.6　摩阻系数曲线图版

液相雷诺数：

$$N_{Re} = \frac{Dv_{sl}\rho_l}{\mu_l} \qquad (3-41)$$

式中　μ_l——在 $\overline{p}$、$\overline{T}$ 下的液体黏度，Pa·s。

对于普通油管，其管壁绝对粗糙度一般取：

$$\varepsilon = 4.57 \times 10^{-5} \, m(0.00015ft) \qquad (3-42)$$

b. 段塞流。

段塞流混合物的平均密度：

$$\rho_m = \frac{W_t + \rho_l v_S A_P}{q_t + v_S A_P} + \delta\rho_l \qquad (3-43)$$

式中　δ——气体在液体中的分布系数；

　　　v_S——气体的表观速度，m/s。

当 $N_b \leqslant 3000$ 时：

$$v_S = (0.546 + 8.74 \times 10^{-6} N_{Re}')\sqrt{gD} \qquad (3-44)$$

当 $N_b \geqslant 8000$ 时：

$$v_S = (0.35 + 8.74 \times 10^{-6} N_{Re}')\sqrt{gD} \qquad (3-45)$$

当 $3000 < N_b < 8000$ 时：

$$v_S = \frac{1}{2}\left(v_{Si} + \sqrt{v_{Si}^2 + \frac{11.17 \times 10^3 \mu_l}{\rho_l \sqrt{D}}}\right) \qquad (3-46)$$

$$v_{Si} = (0.251 + 8.74 \times 10^{-6} N_{Re}')\sqrt{gD} \qquad (3-47)$$

δ 需根据连续液相的类别及气液总流速来选用计算公式，见表3.6。

表 3.6　δ 计算公式选择

连续液相	v_t (m/s)	计算 δ 的公式号
水	< 3.048	（3–48a）
水	> 3.048	（3–48b）
油	< 3.048	（3–48c）
油	> 3.048	（3–48d）

计算得的 δ 必须满足下面的条件：

$$\delta = \frac{0.00252\lg(10^3\mu_l)}{D^{1.38}} - 0.782 + 0.232\lg v_t - 0.428\lg D \qquad （3\text{–}48a）$$

$$\delta = \frac{0.0174\lg(10^3\mu_l)}{D^{0.799}} - 1.352 - 0.162\lg v_t - 0.888\lg D \qquad （3\text{–}48b）$$

$$\delta = \frac{0.00236g(10^3\mu_l+1)}{D^{1.415}} - 0.14 + 0.167\lg v_t + 0.113\lg D \qquad （3\text{–}48c）$$

$$\delta = \frac{0.00537g(10^3\mu_l+1)}{D^{1.371}} + 0.455 + 0.569\lg D - X \qquad （3\text{–}48d）$$

$$X = (\lg v_t + 0.516)\left[\frac{0.0016\lg(10^3\mu_l+1)}{D^{1.571}} + 0.722 + 0.63\lg D\right] \qquad （3\text{–}49）$$

当 $v_t < 3.048$ 时：$\delta \geqslant -0.2132v_t$；当 $v_t > 3.048$，时：$\delta \geqslant \frac{-v_S A_P}{q_t + v_S A_P}\left(1 - \frac{\rho_m}{\rho_l}\right)$。
段塞流的摩擦梯度根据下式计算：

$$\tau_f = \frac{f\rho_l v_t^2}{2D}\left(\frac{q_l + v_S A_P}{q_t + v_s A_P} + \delta\right) \qquad （3\text{–}50）$$

式中的摩擦系数 f 可根据管壁相对粗糙度 $\frac{\varepsilon}{D}$ 和雷诺数 N'_{Re} 查图 3.6 可得出。

③过渡流。

过渡流的混合物平均密度及摩擦梯度是先按段塞流和雾流分别进行计

算，然后按内插法来确定相应的数值。

$$\rho_m = \frac{L_M - \overline{\overline{v_g}}}{L_M - L_S}\rho_{SL} + \frac{\overline{\overline{v_g}} - L_S}{L_M - L_S}\rho_{Mi} \quad （3-51）$$

$$\tau_f = \frac{L_M - \overline{\overline{v_g}}}{L_M - L_S}\tau_{SL} + \frac{\overline{\overline{v_g}} - L_S}{L_M - L_S}\tau_{Mi} \quad （3-52）$$

式中　ρ_{SL}、τ_{SL}——按段塞流计算的混合物密度及摩擦梯度；

ρ_{Mi}、τ_{Mi}——按雾流计算的混合物密度及摩擦梯度。

④雾流。

雾流混合物密度计算公式与泡流相同：

$$\rho_m = (1 - H_g)\rho_1 + H_g\rho_g \quad （3-53）$$

由于雾流的气液滑脱速度接近于零，即基本上没有滑脱，故：

$$H_g = \frac{q_g}{q_1 + q_g} \quad （3-54）$$

摩擦梯度则按连续的气相进行计算，即：

$$\tau_f = f\frac{\rho_g v_{sg}^2}{2D} \quad （3-55）$$

$$v_{sg} = q_g/A_P \quad （3-56）$$

式中　v_{sg}——气体表观速度，m/s。

雾流的摩擦系数可根据气体雷诺数（N_{Re}）$_g$和液膜的相对粗糙度由图3.6可查。

$$(N_{Re})_g = \frac{\rho_g v_{sg}D}{\mu_g} \quad （3-57）$$

由于液膜粗糙度最大不会超过管径之半，最小也不会小于管壁的绝对粗糙度，所以液膜的相对粗糙度在 0.001~0.5 之间，具体数值 N_w 需用下面的公式计算：

$$N_w = (v_{sg} \mu_1 / \sigma)^2 \frac{\rho_g}{\rho_1} \qquad (3\text{-}58a)$$

当 $N_w \leqslant 0.005$ 时：

$$\frac{\varepsilon}{D} = \frac{34\sigma}{\rho_g v_{sg}^2 D} \qquad (3\text{-}58b)$$

当 $N_w > 0.005$ 时：

$$\frac{\varepsilon}{D} = \frac{174.8\sigma N_w^{0.302}}{\rho_g v_{sg}^2 D} \qquad (3\text{-}58c)$$

式中 N_w——液膜相对粗糙度。

3.2.3　让纳若尔多相管流的验证和优选

已经发表的多相管流相关式虽然很多，但至今还没有哪一个相关式能够适用于各种类型的油田及其各开发阶段，所以对于具体油田，有必要用该油田实测的数据进行验算对比，从而选择出较为精确的一种方法。对于让纳若尔油田，多相管流相关式受高气油比特性影响，相互之间的差异更大，优选适应于油田的多相管流相关式显得尤为重要。计算示例如图 3.7 所示。

对多相管流相关式进行验证优选必须注意两个方面的问题，一是对多相管流相关式有一定的了解，掌握不同相关式的特点；二是收集掌握油田最新的、精确的系统试井资料，在选取测试数据时，应删除存在明显测试数据错误的油井资料，并且有足够井数的测试数据，以便用数据的统计结果去验证、评价方法的实用性。以一口井的测试数据作参照标准评价各相关式的实用性有很大的局限性，往往得不出真实的结论。

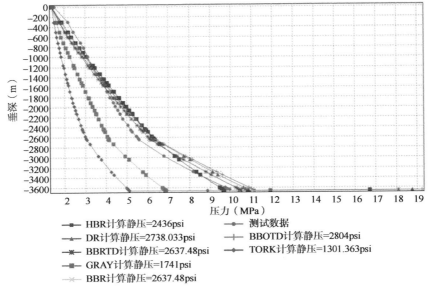

图3.7 不同多相管流计算结果对比示意图

（1）多相管流验证优选方法。

为更好地适应气举井多相管流优选，采用以注气点作为比对节点的方法。计算时分别选择两个计算起点，即井口和井底，以注气点为计算终点，一是以实测井口油压为基础，以日产液量、含水、流动管径、生产气油比（包含注入气及地层气）为基础，计算沿井筒压力曲线1；二是以实测井底流压为基础，以日产液量、含水、流动管径、地层气油比（仅包含地层产出气）为基础，计算沿井筒压力曲线2，通过对比计算曲线1与计算曲线2在注气点处的吻合程度，确定最终多相管流的符合程度。

以让纳若尔油田气举井为实例，分别采用 Gray 及 Orkiszewski 相关式进行多相管流验证和优选。基础数据见表3.7，对比计算图如图3.8所示。根据对比分析，采用 Orkiszewski 相关式，两个计算结果吻合得很好，而采用 Gray 相关式则出现较大的分离。数据结果见表3.8。

表 3.7　基础数据表

射孔层段 （m）	日产液 （m³/d）	日产油 （t/d）	含水率 （%）	井底流压 （MPa）	注气量 （m³/d）	工况
3716~3781	31	17.3	38.4	16.29	15840	井底积液

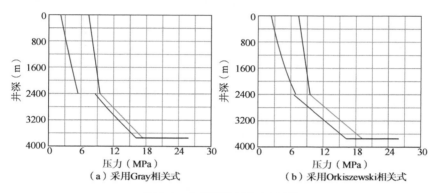

（a）采用Gray相关式　　　　　（b）采用Orkiszewski相关式

图 3.8　多相管流验证示意图

表 3.8　多相管流验证数据分析表

相关式	井口油压 （MPa）	井底流压 （MPa）	注气点 深度 （m）	注气点处 油压 （计算1）	注气点处 油压 （计算2）	注气点处 油压 （实测）	相对误差 （%）
Orkiszewski	2.3	16.2	2400	6.902	6.634	6.82	4.03
Gray	2.3	16.2	2400	5.438	8.83	6.82	20.26

（2）多相管流相关式推荐。

为保证多相管流相关式优选结果准确性，选取常用多相管流相关式 5 种，对 242 口井进行实测数据验证计算，验证计算结果见表 3.9。

表 3.9　多相管流验证计算表

多相管流相关式	No-slip	Gray	Orkiszewski	Hagedorn-Brown	Duns-Ros	合计
井数（口）	10	3	27	50	152	242
所占比例（%）	4	1	11	21	63	100
相对误差（%）	2.05	1.37	0.65	0.83	0.79	

由表 3.9 可知，目前针对让纳若尔油田拟和符合率较高的相关式主要有三种，即 Duns-Ros、Hagedorn-Brown 及 Orkiszewski，其相对误差均在 5% 以内，其分布与油井生产层系无关，仅与产出液量、含水、地层气液比相关。据此形成让纳若尔油田多相管流相关式技术推荐：对于中低产量、低含水，地层气油比 250~350m³/m³ 的油井，推荐使用 Duns-Ros 相关式；对于中高产量、中低含水，地层气油比大于 350m³/m³ 的油井，推荐使用 Hagedorn-Brown 相关式；对于低产、高含水，地层气油比小于 250m³/m³ 的油井，推荐采用 Orkiszewski 相关式。

第4章 连续气举采油技术

根据实施方案论证让纳若尔油田适合连续气举采油。通过现场实践，气举已成为让纳若尔油田唯一的人工举升方式，其中91.5%气举井为连续气举。

4.1 气举阀分布及参数设计

油田生产管柱采用半闭式气举管柱，气举阀采用注气压力操作阀，因此，气举阀分布设计采用连续气举注气压力操作阀布阀方法。

4.1.1 气举布阀设计所需的基础参数

气举设计是根据给定的设备条件（可提供的注气压力及注气量）和油井流入动态（IPR 曲线）确定的。气举设计内容包括：确定注气点深度、注气量和产量，以及气举阀数量、深度、阀孔尺寸、阀调试压力。主要设计基础数据包括注入气数据、产层数据、流体数据、完井数据及油井生产数据等五个方面。

（1）注入气资料包括但不限于注入气最高压力、最大气量、温度、组分、相对密度；

（2）产层数据包括但不限于产层顶/底界（测深、垂深）、产层静压、产层温度、地温梯度、产液指数（或者不少于两组井底流压、产液量对应数据）；

（3）流体数据包括但不限于压井液密度、产出油气水密度、黏度、含水率、产层气液比、泡点压力、H_2S 和 CO_2 含量、含砂量、产层水矿化度、含蜡量；

（4）完井数据包括但不限于生产套管尺寸及水泥返高、钢级、井斜数据、完井方式、油管管柱结构、尺寸、下深；

（5）生产数据包括但不限于日产液量、日产气量、含水率、油压、套压、输压、井口流动温度。

4.1.2　气举阀分布设计

注入压力操作气举阀是一种由注入气压力作用在波纹管有效面积上使阀打开的气举阀，通常的布阀设计方法为降低注气压力设计法，让纳若尔油田采用的是通用的等压降设计方法，其设计过程主要分为七步。

（1）建立基本图（图4.1）。

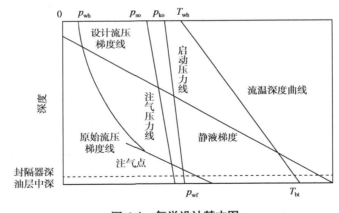

图 4.1　气举设计基本图

①在气举设计方格纸上，分别沿横向和纵向建立压力—深度和温度—深度坐标；

②标出油层中深；

③在油层中深线上标出井底流压 p_{wf} 和井底温度 T_{bt}，在 0m 等深线上标出井口流压 p_{wh}、启动压力 p_{ko}、注气压力 p_{so} 和井口温度 T_{wh}；

④连接 T_{wh} 与 T_{bt}，即得到流动温度梯度曲线；

⑤根据气柱重量，作注气压力线和启动压力线；

⑥注气点以上的流压梯度线的确定：根据设计产液量、原油密度、地层水密度、含水率、平均温度、油管尺寸等参数，选择一个合适的流压梯度曲线图版，将基本图复在图版上，描出相应的最小流压梯度曲线，该曲线为设计流压梯度线；

⑦原始流压梯度线的确定：根据设计产液量、原油密度、地层气液比、地层水密度、含水率、井底流压、平均温度、油管尺寸等参数，选择一个合适的流压梯度曲线图版，将基本图复在图版上，描出相应的流压梯度曲线，则该梯度线为原始流压梯度线；

⑧确定注气点：原始流压梯度线与最小流压梯度线的交点即注气点。

（2）气举阀的分布设计（图 4.2）。

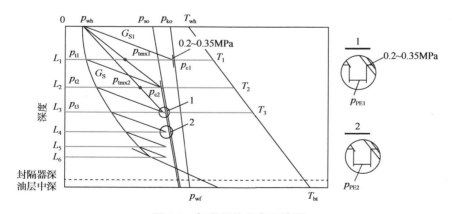

图 4.2 气举阀的分布设计图

p_{tmx1}—第一级阀深度处的最大油管流动压力；
p_{tmx2}—第二级阀深度处的最大油管流动压力

①确定第一级阀深度 L_1：

在基本图上由井口油压点 p_{wh} 作压井液梯度线 G_S，过压井液梯度线与启动压力线的交点 p_{c1} 作水平线（为便于卸荷，通常将启动压力线向左平移 0.2~0.35MPa 的压差），即第一级阀深度线 L_1。L_1 与流压梯度线交于 p_{t1}，p_{t1} 为第一级阀深度处的最小油管流压。

②确定第二级阀深度 L_2：

过 p_{t1} 作压井液梯度线 G_S 的平行线 G_{S1}，将注气压力线向左平移 0.35MPa 的压差作其平行线，过两线的交点 p_{c2} 作水平线，即得第二级阀深度线 L_2。L_2 与流压梯度线交于 p_{t2}，p_{t2} 为第二级阀深度处的最小油管流压。

③确定第三级阀深度 L_3：

第三级阀及以下气举阀深度的确定方法与第二级阀深度确定方法类似。

（3）气举阀阀孔尺寸的选择。

①利用所选定的流压梯度图版，确定每一级阀的近似气液比 R_{gi}'；

②用下式计算各级阀通过气量 Q_{gi}：

$$Q_{gi} = C_{git}Q_cR_{gi}' \tag{4-1}$$

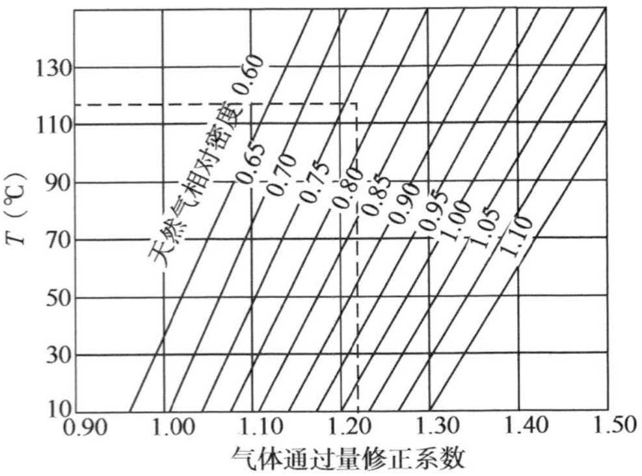

式中　C_{git}——温度和气体密度的修正系数（由图 4.3 气体通过量修正系数查得）；

Q_c——产液量，m^3/d；

R_{gi}'——近似气液比。

③根据气量和上、下游压差，从图 4.4（a）、图 4.4（b）、

图 4.3　气体通过量修正系数

图 4.4（c）中选择相应的阀孔尺寸。

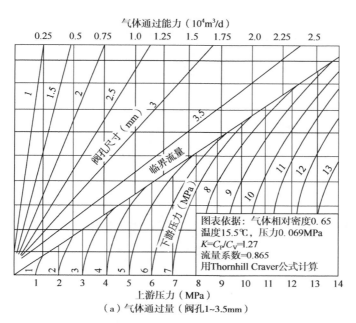

（a）气体通过量（阀孔1~3.5mm）

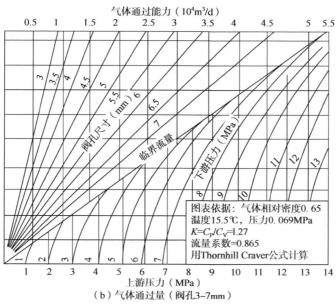

（b）气体通过量（阀孔3~7mm）

图 4.4　气体通过量图版

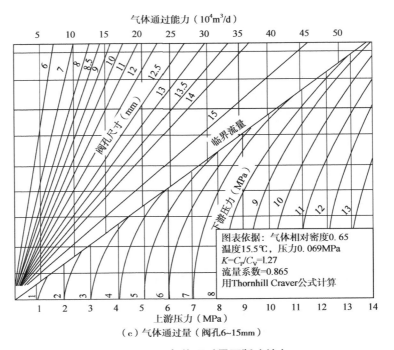

（c）气体通过量（阀孔6~15mm）

图4.4 气体通过量图版（续）

（4）气举阀的井下打开压力计算。

①确定第一级阀的打开压力 p_{o1}：

第 i 级阀的打开压力 p_{oi} 可由下式计算：

$$p_{oi} = p_{ci} + p_{ti} \times T.E.F._i \qquad （4-2）$$

式中 p_{ci}——第 i 级阀深度处套压，MPa；

$\quad\quad p_{ti}$——第 i 级阀处最小油管流压，MPa；

$\quad\quad T.E.F._i$——第 i 级阀的油压效应系数。

由式（4-3）得出第一级阀的打开压力 p_{o1}：

$$p_{o1} = p_{c1} + p_{t1} \times T.E.F._1 \qquad （4-3）$$

式中　p_{c1}——第一级阀处套压，MPa；

　　　p_{t1}——第一级阀处最小油管流压，MPa；

　　　$T.E.F_1$——第一级阀的油压效应系数。

②确定第二级阀的打开压力 p_{o2}：

由式（4-4）得出第二级阀的打开压力 p_{o2}：

$$p_{o2} = p_{c2} + p_{t2} \times T.E.F_2 \qquad (4-4)$$

式中　p_{c2}——第二级阀处套压，MPa；

　　　p_{t2}——第二级阀处最小油管流压，MPa；

　　　$T.E.F_2$——第二级阀的油压效应系数。

③依此方法可确定第三级阀及以下各级阀的井下打开压力。

（5）气举阀的台架调试打开压力计算。

由于充气波纹管气举阀的打开压力受温度影响，阀处的温度随深度变化。因此，台架上调试阀的压力打开时，必须对打开压力进行温度修正，即把阀在井下的打开压力转换成在标准温度下（15.5℃）的打开压力：

$$p_{roi} = p_{oi} / C_{ti} \qquad (4-5)$$

式中　p_{roi}——第 i 级阀在标准温度下的打开压力，MPa；

　　　p_{oi}——第 i 级阀在井下的打开压力，MPa；

　　　C_{ti}——第 i 级阀温度下的修正系数（C_{ti} 值可在表 4.1 中查得）。

（6）气举阀的波纹管在地面的充气压力计算。

已知 p_{roi} 可由下式计算出波纹管在地面的充气压力 p_{bi}：

$$p_{bi} = p_{roi}(A_{bi} - A_{pi}) / A_{bi} \qquad (4-6)$$

式中 A_{bi}——各级阀波纹管的面积，mm^2；

  A_{pi}——各级阀孔的面积，mm^2。

表 4.1 以 15.5℃为基准的氮气温度修正系数

温度 （℃）	C_t	温度 （℃）	C_t	温度 （℃）	C_t	温度 （℃）	C_t	温度 （℃）	C_t	温度 （℃）	C_t
15.0	0.998	33.0	1.070	51.0	1.142	69.0	1.214	87.0	1.285	105.0	1.355
15.5	1.000	33.5	1.072	51.5	1.144	69.5	1.216	87.5	1.287	105.5	1.357
16.0	1.002	34.0	1.074	52.0	1.146	70.0	1.218	88.0	1.289	106.0	1.359
16.5	1.004	34.5	1.076	52.5	1.148	70.5	1.220	88.5	1.291	106.5	1.361
17.0	1.006	35.0	1.078	53.0	1.150	71.0	1.222	89.0	1.293	107.0	1.363
17.5	1.008	35.5	1.080	53.5	1.152	71.5	1.224	89.5	1.295	107.5	1.365
18.0	1.010	36.0	1.082	54.0	1.154	72.0	1.226	90.0	1.297	108.0	1.367
18.5	1.012	36.5	1.084	54.5	1.156	72.5	1.228	90.5	1.299	108.5	1.369
19.0	1.014	37.0	1.086	55.0	1.158	73.0	1.230	91.0	1.301	109.0	1.371
19.5	1.016	37.5	1.088	55.5	1.160	73.5	1.232	91.5	1.303	109.5	1.373
20.0	1.018	38.0	1.090	56.0	1.162	74.0	1.234	92.0	1.305	110.0	1.375
20.5	1.020	38.5	1.092	56.5	1.164	74.5	1.235	92.5	1.307	110.5	1.377
21.0	1.022	39.0	1.094	57.0	1.166	75.0	1.237	93.0	1.309	111.0	1.379
21.5	1.024	39.5	1.096	57.5	1.168	75.5	1.239	93.5	1.311	111.5	1.381
22.0	1.026	40.0	1.098	58.0	1.170	76.0	1.241	94.0	1.313	112.0	1.383
22.5	1.028	40.5	1.100	58.5	1.172	76.5	1.243	94.5	1.315	112.5	1.385
23.0	1.030	41.0	1.102	59.0	1.174	77.0	1.245	95.0	1.317	113.0	1.387
23.5	1.032	41.5	1.104	59.5	1.176	77.5	1.247	95.5	1.319	113.5	1.388
24.0	1.034	42.0	1.106	60.0	1.178	78.0	1.249	96.0	1.321	114.0	1.390
24.5	1.036	42.5	1.108	60.5	1.180	78.5	1.251	96.5	1.323	114.5	1.391
25.0	1.038	43.0	1.110	61.0	1.182	79.0	1.253	97.0	1.325	115.0	1.393
25.5	1.040	43.5	1.112	61.5	1.184	79.5	1.255	97.5	1.327	115.5	1.395
26.0	1.042	44.0	1.114	62.0	1.186	80.0	1.257	98.0	1.329	116.0	1.397
26.5	1.044	44.5	1.116	62.5	1.188	80.5	1.259	98.5	1.331	116.5	1.399
27.0	1.046	45.0	1.118	63.0	1.190	81.0	1.261	99.0	1.333	117.0	1.401
27.5	1.048	45.5	1.120	63.5	1.192	81.5	1.263	99.5	1.334	117.5	1.403

续表

温度 （℃）	C_t	温度 （℃）	C_t	温度 （℃）	C_t	温度 （℃）	C_t	温度 （℃）	C_t	温度 （℃）	C_t
28.0	1.050	46.0	1.122	64.0	1.194	82.0	1.265	100.0	1.336	118.0	1.405
28.5	1.052	46.5	1.124	64.5	1.196	82.5	1.267	100.5	1.338	118.5	1.407
29.0	1.054	47.0	1.126	65.0	1.198	83.0	1.269	101.0	1.340	119.0	1.409
29.5	1.056	47.5	1.128	65.5	1.200	83.5	1.271	101.5	1.342	119.5	1.411
30.0	1.058	48.0	1.130	66.0	1.202	84.0	1.273	102.0	1.344	120.0	1.413
30.5	1.060	48.5	1.132	66.5	1.204	84.5	1.275	102.5	1.346	120.5	1.415
31.0	1.062	49.0	1.134	67.0	1.206	85.0	1.277	103.0	1.348	121.0	1.417
31.5	1.064	49.5	1.136	67.5	1.208	85.5	1.279	103.5	1.350	121.5	1.419
32.0	1.066	50.0	1.138	68.0	1.210	86.0	1.281	104.0	1.352	122.0	1.421
32.5	1.068	50.5	1.140	68.5	1.212	86.5	1.283	104.5	1.353	122.5	1.423

（7）将计算结果填入表 4.2，完成降低注气压力图解法。

表 4.2　气举设计结果

序号	气举阀 型号	设计下 入深度 （m）	阀深度 处注气 压力 （MPa）	最小 油压 （MPa）	最大 油压 （MPa）	阀深度 处温度 （℃）	阀孔 尺寸 （mm）	阀深度 处打开 压力 （MPa）	调试架 打开 压力 （MPa）

4.1.3　加深注气深度设计方法修正

随着让纳若尔油田开发，地层压力下降较大，含水上升较快。目前油层压力为 18~23MPa，地层压力系数在 0.5~0.75MPa/100m，低渗透碳酸盐油藏开采需要较大的生产压差，因此要维持油井的正常生产，必须进一步降低井底流压，同时随着含水增加，地层没有足够的能量推动井筒内的流体到气举工作阀处，会造成井底积液，使得气举井井底流压逐渐升高。因此，需要通过增加注气深度，提高低压、高含水油井产量和气举效率。

让纳若尔油田前期用的是等压降降套压连续气举设计方法，即设定一个阀间压降，气举阀间距均按此阀间压降进行设计。该方法的优点是设计安全，气举阀工作状况可靠；但缺点是如果阀间压降数值设计过小，容易形成气举阀相互干扰，形成多点注气的不利工况，阀间压降数值设计过大，容易造成注气压力的损失过大，降低了注气压力的利用率，导致气举井注气深度偏低。由于油田气举井井口注气压力普遍为9MPa左右，采用常规等压降降注气压力设计方法，气举注气深度仅能达到2500~3000m，难以满足低压、高含水阶段的生产需求，因此，结合油田开发现状和气举地面增压设备技术条件，通过修正常规布阀设计方法，实现注气深度增加。

（1）影响注气深度因素分析。

在降低注气压力布阀设计方法中，气举阀布阀原则主要是保障气举顺利卸载和工况正常，主要包括两个方面：一是在上部气举阀注气时，下部气举阀能够暴露在环空液面之上，具备注气条件，保障气举阀的顺利接替；二是应保证下部阀注气工作时，上部阀能够可靠关闭，避免多点注气。

第一个阀的下入深度 L_1，L_1 可根据压缩机最大工作压力来确定，其中又有两种情况：

当井筒中液面在井口附近，第一级气举阀布阀深度公式为：

$$L_1 = 10^5 \frac{p_{\max}}{\rho g} - 20 \qquad （4-7）$$

式中　L_1——第一个阀的安装深度，m；

　　　$p_{\max}$——压缩机的最大工作压力，MPa；

　　　ρ——井内液体密度，kg/m³；

　　　g——重力加速度，m/s²。

当油井地层压力较低，油井静液面较深时，可以考虑液面深度，来增加第一级气举阀深度。可由下式计算：

$$L_1 = h_s + 10^5 \frac{p_{max}}{\rho g} \frac{d^2}{D^2} - 20 \qquad （4-8）$$

式中　h_s——施工前井筒内的液面深度，m；

　　　d——油管内径，m；

　　　D——套管内径，m。

第二个阀的下入深度可根据套管环空压力及第一个阀的关闭压差来确定。当第二个阀进气时，第一个阀关闭。此时，阀Ⅱ处的环空压力为 p_{a2}，阀Ⅰ处的油压为 p_{t1}，阀Ⅱ处压力平衡等式为：

$$p_{a2} = p_{t1} + 10^{-5} \rho g \Delta h_1 \qquad （4-9）$$

$$\Delta h_1 = L_2 - L_1 = 10^5 \frac{(p_{a2} - p_{t1})}{\rho g} \qquad （4-10）$$

则第二级阀下入深度为：

$$L_2 = L_1 + 10^5 \frac{p_{a2} - p_{t1}}{pg} - 10 \qquad （4-11）$$

式中　Δh_1——第Ⅰ阀进气后，环空液面继续下降的距离，m；

　　　p_{a2}——第Ⅱ阀处的环空压力，MPa；

　　　p_{t1}——第Ⅰ阀将关闭时，油管内能达到的最小压力，MPa。

同理，第 i 个阀的安装深度 L_i 应为：

$$L_i = L_{i-1} + 10^5 \frac{\Delta p_{i-1}}{\rho g} - 10 \qquad （4-12）$$

$$\Delta p_{i-1} = p_{max} - p_{t(i-1)} \quad\quad (4-13)$$

由计算可知，在地面注气压力、油井产量、注气量一定的情况下，决定气举阀深度的变量有两个，即第一级气举阀的深度和气举阀处的套管压力。

通过气举阀位置计算可知，在地面注气压力、油井产量、注气量一定的情况下，要想加深油井的注气深度，可以两种办法进行研究工作：①根据地层静压情况，加深第一级气举阀的下入深度，进而加深油井的注气点深度；②减少注气压力损失，提高气举阀处的套管压力，以便提高气举阀之间的间距，进而加深油井的注气点深度。由于让纳若尔油田地层非均质，同一地层之间压力也相差较大，因此在工艺设计改进中主要以第2种方法为主。

（2）变压降降低注气压力设计方法。

以气举井特性研究为基础，结合气举阀特性和气举井油套压力分布状况，调整各个气举阀之间的压降数值，等压降降低注气压力设计为变压降降低注气压力设计，即每加深一级气举阀都有一个特定的压力降，该压力降考虑了油井基础数据、气举阀设计和卸荷时候生产压力的变化。压力降 p_D 可由式（4-14）、式（4-15）确定：

最小情况：

$$p_D = 0.69 p_{PEF} + SF \quad\quad (4-14)$$

最大情况：

$$p_D = 0.14 + 1.38 p_{PEF} \quad\quad (4-15)$$

式中　p_D——压力降，MPa；

p_{PEF}——生产压力效应系数；

SF——安全系数。

根据气举阀特性试验，给出安全系数推荐表，见表 4.3。

表 4.3　不同规格注入压力操作气举阀的最小安全系数表

气举阀外径（mm）	阀孔径（mm）	安全系数（MPa）
15.88	3.18	0.07
	4.00	0.10
	4.76	0.14
25.4	3.18	0.03
	4.76	0.07
	6.35	0.10
38.1	4.76	0.03
	6.35	0.07
	7.94	0.10
	9.53	0.14

让纳若尔油田目前常用的是外径为 25.4mm、孔径为 3.18mm 的气举阀，通过计算可知气举阀压力降 p_D 最小值取 0.06MPa，最大值取 0.2MPa，见表 4.4。

表 4.4　让纳若尔油田常用气举阀的 p_{PEF}

阀孔尺寸（in）	A_p/A_b	p_{PEF}（MPa）
1/8	0.042	0.043841
3/16	0.094	0.103753
1/4	0.165	0.197605
5/16	0.255	0.342282
3/8	0.365	0.574803

基于上述理论，以让纳若尔油田南区为例，对两种气举设计方法进行对比，对比结果见表 4.5。

表 4.5　两种设计方法对比

对比项目	等压降降套压设计方法	变压降降套压设计方法
设计原则	等压降设计	变压降设计
阀间压降	50psi	T.E.F × p_t+p_D（阀深度处）
最终套压降（以七级阀为例）	2.1MPa	1.6MPa
注气压力利用率	1	1.08
注气点深度（平均）	2850m	3126m

　　两种设计方法气举阀间距设计图如图 4.5 所示。由图可知，等压降降套压气举设计方法采用同一个阀间压降数值，注气压力损失较大，而变压降降套压气举设计方法在布阀初期阀间压降数值较小，后期阀间压降数值基本与等压降降套压设计方法的阀间压降数值相同，因此注气压力损失较小，从而加深了注气点位置。

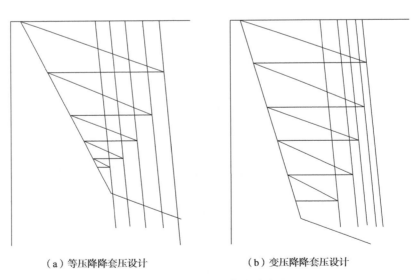

（a）等压降降套压设计　　　　　（b）变压降降套压设计

图 4.5　两种设计方法对比图

（3）现场应用情况。

　　在加深注气深度设计时，应根据气举井实际工况确定选井原则。通常不能选择地层压力较高、供液能力强的油井，否则井筒内静液面过高，启动压力不能满足卸荷要求。对于油井含水也有一定的要求，因为加深注气深度后井底生产压差被放大，会加快地层液体的流动，导致含水上升。所以对于高含水井，当含水增加时，流体压力梯度变大，对气举阀间距设计会产生一定影响。

为此根据油田实际情况计算不同地层压力系数下清水压井时的静液面高度及对应的加深注气深度的结果见表 4.6。

表 4.6　不同地层压力系数设计加深注气深度结果表

地层压力系数	1	0.7	0.6
清水压井静液面高度（m）	0	1080	1440
一级阀深度（m）	760~820	1000	1300
注气深度（m）	2900~3000	3100~3300	3500~3600

根据计算结果可确定如下选井原则：

①地层压力系数小于 0.7，确保油井正常启动；

②含水小于 20%，避免加深注气深度造成油井含水过快上升；

③油井存在井底积液，加深注气深度可有效排出井底积液，实现油井增产。

以 2118 井为例，该井完钻井深 3680m，射孔段 3492~3651m，测试得到油层静压 16.4MPa，含水 5%，原始气油比 275m³/m³。气举系统提供脱水脱硫注入气，供气压力为 8.5MPa，该井最大可用气量为 50000m³/d。由于油井在泡点压力以下脱气生产，因此符合 Vogel 关系式，选择 Hagedorn and Brown 梯度曲线可确定流出动态。气举阀间距设计结果见表 4.7。

表 4.7　2118 井加深注气深度设计结果表

气举阀级数	1	2	3	4	5	6	7
阀下入深度（m）	830	1382	1879	2320	2699	3019	3280
阀型号	KFT-25.4	KFT-25.4	KFT-25.4	KFT-25.4	KFT-25.4	KFT-25.4	KFT-25.4
工作筒型号	KPX-127	KPX-127	KPX-127	KPX-127	KPX-127	KPX-127	KPX-127
阀孔尺寸（mm）	3.2	3.2	3.2	3.2	3.2	3.2	3.2
地面调试台打开压力（psi）	1223	1204	1182	1158	1131	1101	1030
阀处注气压力（MPa）	8.5	8.2	7.9	7.65	7.39	7.15	6.70

　　变压降降低注气压力设计方法于 2009 年投入现场应用，当年应用 36 井次，第七级阀平均设计深度为 3134m，其中可对比井 19 口，在油井气举启动压力不变的情况下，平均加深注气深度 300m（表 4.8），技术应用取得成功。自 2009 年技术应用成功以后，变压降降低注气压力设计方法成为油田主要的布阀设计方法，在油田全面推广应用。

表 4.8　加深注气深度作业前后注气深度对比表

井别	井数（口）	注气深度（m）		加深深度（m）
		措施前	措施后	
老井	19	2902.7	3203.18	300.48
新转井	17		3084.23	
合计	36		3134.03	

4.2　气举井完井管柱设计

　　根据让纳若尔油田气举实施方案采用半闭式气举管柱，结合流体具有强腐蚀性、中等含蜡，储层低压易污染的特点，开发了一种集热洗保护油层、不压井作业及酸洗解堵三大功能于一体的多功能气举管柱，以达到保护油层、解除地层污染、提高生产时效和稳定气举生产的目的。

4.2.1 管柱结构及功能

该管柱由上部管柱和下部管柱组成。上部管柱可通过密封插管下入和起出封隔器。上部管柱包括：至少一级带有气举阀的偏心工作筒，用于向油井内注入气体；滑套，位于偏心工作筒下部，用于建立或关闭油套环空之间的过流通道；密封插管，插入封隔器，用于上下管柱的连接和释放。下部管柱包括：Y453 永久式封隔器，锚定于油井套管，用于密封油套环空；坐放短节，位于封隔器上部，为单流阀和堵塞器等流量控制类工具提供载体；喇叭口，作为油管的一部分安装于生产管柱底部，方便油井测试。

（1）配套平衡单流阀、滑套和封隔器，实现正循环洗井作业。

洗井作业过程中洗井液由油管通过滑套的旁通孔进入封隔器以上的油套环空，单流阀和封隔器的阻隔作用避免洗井液进入地层，达到保护油层目的，作业步骤如下：

①通过钢丝作业将平衡单流阀投入坐放短节内，可防止洗井液回流至地层，如图 4.6（a）所示；

②通过钢丝作业下入移位工具打开滑套，建立油套环空之间的过流通道，进行正循环洗井作业，如图 4.6（b）所示；

③通过钢丝作业下入移位工具关闭滑套，捞出平衡单流阀，结束洗井作业，如图 4.6（c）所示。

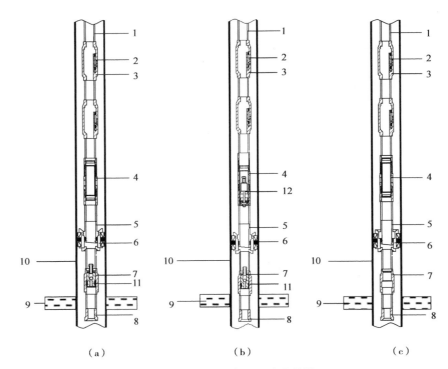

图 4.6　多功能气举—洗井管柱

1—油管；2—投捞式气举阀；3—偏心工作筒；4—滑套；5—密封插管；6—Y453 永久式封隔器；
7—坐放短节；8—喇叭口；9—油层；10—套管；11—平衡单流阀；12—移位工具

（2）配套油管堵塞器，实现不压井作业，避免因压井作业造成的污染。

由于堵塞器和封隔器的阻隔作用，入井液不会进入地层，地层液体或气体也不会上涌，实现不压井作业，有效保护油层。作业步骤如下：

①通过钢丝作业将油管堵塞器投入坐放短节内，关闭地层与油管之间的过流通道，进行不压井作业，如图 4.7（a）所示；

②起出封隔器以上带有密封插管的管柱（旧），如图 4.7（b）所示；

③将带有密封插管的管柱（新）插入封隔器以下管柱，通过钢丝作业捞出油管堵塞器，结束不压井作业，如图 4.7（c）所示。

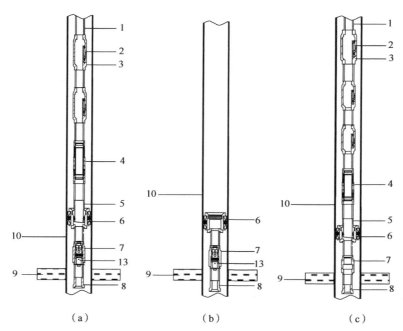

图 4.7　多功能气举—不压井管柱

1—油管；2—投捞式气举阀；3—偏心工作筒；4—滑套；5—密封插管；6—Y453 永久式封隔器；7—坐放短节；8—喇叭口；9—油层；10—套管；13—油管堵塞器

（3）不动管柱进行酸洗解堵作业，解除地层污染，快速恢复油井产量，管柱结构如图 4.7（c）所示。

4.2.2　技术指标及特点

（1）技术指标。

①适应井深 ≤ 4000m；

②管柱寿命：不低于 3 年；

③耐压 ≤ 35MPa；

④适应温度：120℃；

⑤适应套管规格：5in、$5\frac{1}{2}$in、$6\frac{5}{8}$in、7in、$9\frac{5}{8}$in；

⑥适应环境：H_2S ≤ 6%。

（2）特点。

管柱结构的特点为：

①一趟管柱实现气举生产、洗井、不压井作业及酸洗解堵四项功能；

②管柱结构简单，操作容易；

③管柱使用寿命长；

④具有油层保护功能；

⑤可用于含 H_2S 的油气井中。

4.3 防硫化氢气举工具

4.3.1 防硫化氢偏心工作筒

防硫化氢偏心工作筒有 KPX-108、KPX-127、KPX-136、KPX-140 和 KPX-168 五种型号，分别适用于 $2\frac{3}{8}$in、$2\frac{7}{8}$in、$3\frac{1}{2}$in 油管的气举采油井。

图 4.8 防硫化氢偏心工作筒

（1）适用范围：可进行气举采油、气举排液、排水采气、气举诱喷、气举解堵及分层注水和分层注气等注采工艺；有不同的外径系列可选用；工作筒能耐 H_2S 腐蚀，能适应各种类型的油气水井；在气举采油井、分层注水井和分层注气井中容易实现不压井作业。

（2）技术特点：可配套气举阀、配水器和注气阀的种类多，定位和密封方式相似；有足够的通径，投捞作业和测试方便；可保证造斜器准确地将阀投入偏心工作筒和从偏心袋中将阀捞出；偏心袋的结构，保证了气举阀或盲阀的安装、锁定和密封。

（3）性能参数，见表 4.9。

表 4.9　防硫化氢偏心工作筒基本参数表

型号	最大外径（mm）	通径（mm）	总长（mm）	工作压力（MPa）	适用套管内径（mm）	适应环境
KPX–108	108	49	2000	35	≥ 121.36	$H_2S \leqslant 6\%$, $CO_2 \leqslant 1\%$
KPX–127	127	60	2000	35	≥ 144	$H_2S \leqslant 6\%$, $CO_2 \leqslant 1\%$
KPX–136	136	60	1920	35	≥ 144	$H_2S \leqslant 6\%$, $CO_2 \leqslant 1\%$
KPX–140	140	73	2066	35	≥ 157.1	$H_2S \leqslant 6\%$, $CO_2 \leqslant 1\%$
KPX–168	168	93	2250	35	≥ 144	$H_2S \leqslant 6\%$, $CO_2 \leqslant 1\%$

4.3.2　防硫化氢投捞式气举阀

防硫化氢投捞式气举阀主要可用于连续（间歇）气举完井、各类油井作业后排液或气井排积水，其结构如图 4.9 所示。

图 4.9　防硫化氢投捞式气举阀

（1）适用范围：用于连续（间歇）气举完井中；用于各类油井作业后排液或气井排积水。

（2）技术特点：适用于含 H_2S 和 CO_2 等腐蚀性介质的油井，气举阀耐腐蚀性好；设计多种规格的阀孔尺寸适应性广；采用钢丝投捞更换阀孔大小，操作简单；打开和关闭主要受注气压力控制；气举阀下端的单流可以防止油管内井液进入套管。

（3）性能参数见表4.10。

表4.10　防硫化氢投捞式气举阀基本参数表

波纹管有效面积 A_b（mm²）	193				
阀孔直径（mm）	2.4	2.8	3.2	4.8	6.4
阀孔面积 A_p（mm²）	4.52	6.16	8.04	18.1	32.17
A_p/A_b	0.023	0.032	0.042	0.094	0.167
$1-A_p/A_b$	0.977	0.968	0.958	0.906	0.833
油压效应系数 P_{PE}	2.4	3.3	4.4	10.4	19.8
工作压力（MPa）	35				
最高压力（MPa）	60				
打开前始漏压力与打开压力差（MPa）	≤ 0.25				
关闭压力与关闭后停漏压力差（MPa）	≤ 0.4				
气举阀最大钢体外径（mm）	25.4				
总长（mm）	260				
适用偏心工作筒型号	KPX、KBMG、KBM 及类似工作筒				

4.3.3　钢丝作业滑套

钢丝作业滑套连在油管中的适当位置，通过钢丝作业打开或关闭套管与油管之间通道，为油水气井提供压井和洗井通道，其结构如图4.10所示。

图 4.10　钢丝作业滑套

（1）适用范围：适用于各种尺寸的套管；适应各种类型的油气水井；内通径较大，适用于各种投捞测试作业。

（2）技术特点：可靠，简单，快速；配套专用移位工具，连接标准钢丝作业工具串，可通过向上或向下震击工具串实现开关功能；专用移位工具设计有安全销，保证钢丝作业安全；滑套中部的循环孔可平衡压差，确保滑套顺利打开或关闭；滑套内芯轴设计巧妙，不同台肩起到锁定和收缩移位工具的双重功能；适用于含 H_2S 和 CO_2 等腐蚀性介质的油井，耐腐蚀性好。

（3）性能参数见表 4.11。

表 4.11　防硫化氢钢丝作业滑套基本参数表

规格型号	总长（mm）	最大外径（mm）	内通径（mm）	连接螺纹	移位工具类型
KHT–78×48	1216	78	47.5	$2\,^3/_8$in EUE	KYW–58
KHT–95×57	1225	95	57	$2\,^7/_8$in EUE	KYW–68
KHT–99×57	1177	99	57	$2\,^7/_8$in TBG	KYW–68
KHT–105×57	1021	105	57	$2\,^7/_8$in TBG	KYW–68

注：连接螺纹扣型为 EUE 及 TGB。

4.3.4　坐放短节

坐放短节（图 4.11）与油管连接下到规定深度，可通过钢丝作业放置平衡式单流阀、井下测试工具、堵塞器、仪表悬挂器和井下油嘴等工具，以便进行气举管柱完井、液力坐封封隔器的坐封、对管柱进行测试、实现不压井作业等操作。

图 4.11　坐放短节

（1）适用范围：用于气举管柱完井、液力坐封封隔器的坐封、对管柱进行测试等作业；与丢手封隔器配套使用可实现不压井作业；适应各种尺寸规格的油管或套管。

（2）技术特点：采用抗腐蚀材料加工，适用于腐蚀环境；可坐入不同工具实现多种功能，如坐入平衡单流阀，可坐封液压封隔器，在热洗和酸洗时不伤害地层；坐入堵塞器，可坐封液压封隔器，并与封隔器一起实现不压井作业等；也可与其他特殊控制类工具配套，形成智能型完井管柱。也就是说，井下有坐放短节，可以实现和扩展多项功能。

（3）性能参数见表 4.12 所示。

表 4.12　防硫化氢坐放短节基本参数表

规格型号	总长（mm）	最大外径（mm）	内通径（mm）	连接螺纹	备注
KXZ–78×42	350	78	42	2 3/8in EUE	下止过
KXZ–94×54	327	94	54	2 7/8in EUE	下止过
KSZ–78×46	350	78	46	2 3/8in EUE	上止过
KSZ–94×56	327	94	56	2 7/8in EUE	上止过

注：连接螺纹扣型为 EUE。

4.3.5　系列封隔器

（1）Y211 系列封隔器。

Y211 系列封隔器采用机械方式坐封和解封，主要应用于气举采油、分层试油、找水、堵水、防砂等工艺中，其结构如图 4.12 所示。

图 4.12　Y211 系列封隔器

①适用范围：内径 121~229mm（4.764~9.016in）尺寸的套管；可坐封于任何硬度等级的套管；能适应各种高腐蚀井。

②技术特点：结构简单，封隔可靠，封隔寿命长；强度高，坐封力均匀；抗腐蚀能力强，能耐 H_2S 腐蚀；上提下放坐封、上提解封，操作容易。

③性能参数见表 4.13。

表 4.13 防硫化氢 Y211 封隔器基本参数表

规格型号	套管外径（mm）	总长（mm）	最大外径（mm）	通径（mm）	连接螺纹	防腐性能	工作温度（℃）	工作压差（MPa）
Y211–115	139.7	1420	115/4.528	50	2 $\frac{3}{8}$in EUE	$H_2S \leq 6\%$, $CO_2 \leq 1\%$	≤ 120	35（上压）
Y211–135	168.3	1720	136	58	2 $\frac{7}{8}$in EUE	$H_2S \leq 6\%$, $CO_2 \leq 1\%$	≤ 120	35（上压）
Y211–148	177.8	1670	148	62	2 $\frac{7}{8}$in EUE	$H_2S \leq 6\%$, $CO_2 \leq 1\%$	≤ 120	35（上压）
Y211–209	244.5	2420	209	74	3 $\frac{1}{2}$in EUE	$H_2S \leq 6\%$, $CO_2 \leq 1\%$	≤ 120	35（上压）

注：连接螺纹扣型为 EUE。

（2）Y453 系列封隔器。

Y453 系列永久式封隔器（图 4.13）采用液压坐封工具坐封，然后插入配套密封插管，实现封隔油套环空的目的。可用于封堵高压高含水层、高压注气、分注、分层采油（气），也用于承压需求高的分（选）层改造等作业中。

图 4.13 Y453 系列永久式封隔器

①适用范围：适用于内径 121~149mm 尺寸的套管；可坐封于任何硬度等级的套管；适应各种类型的油气水井；能适应各种高腐蚀井。

②技术特点：三节不同硬度的胶筒和浮动金属支撑环组成可靠的密封系统，承受压差可达 50MPa 以上；胶筒两侧有胀环可防止胶筒压缩件被挤入套管和筒体之间的缝隙而被损坏，保护其工作性能；一副对装整体卡瓦，使它能承较高的上、下压差；需配套专用坐封工具坐封和专用磨铣工具解封；结构紧凑，可实现小夹层的封隔。

③性能参数见表4.14。

表4.14　防硫化氢Y453封隔器基本参数表

规格型号	套管外径（mm）	总长（mm）	最大外径（mm）	通径（mm）	连接螺纹	工作压差（MPa）	防腐性能	工作温度（℃）
Y453-110	139.7	700	110	68	$2\frac{7}{8}$in EUE	50	$H_2S \leqslant 6\%$、$CO_2 \leqslant 1\%$	≤150
Y453-115	139.7	900	114	76	$2\frac{7}{8}$in EUE	50	$H_2S \leqslant 6\%$、$CO_2 \leqslant 1\%$	≤150
Y453-148	177.8	1220	148	82	$2\frac{7}{8}$in EUE	50	$H_2S \leqslant 6\%$、$CO_2 \leqslant 1\%$	≤150

注：连接螺纹扣型为EUE。

4.4　现场应用情况

4.4.1　技术规模应用

如图4.14所示，连续气举技术在让纳若尔油田得到规模应用，气举生产规模由初期的11口井达到585口井，最高产油量达到6263t/d，累计完成气举工艺设计1480井次，设计符合率达到89%，投产成功率达到96%，有力地保障了油田的正常生产。

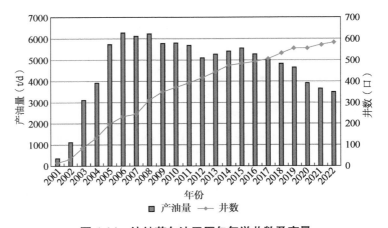

图4.14　让纳若尔油田历年气举井数及产量

4.4.2 防腐气举工具技术进步

为满足油田防腐蚀要求，历经三代工具研发，配套成熟防腐蚀气举工作筒，现场应用 4000 套以上，未发生井下腐蚀断裂、损坏现象，最长井下服役时间超过 20 年，保障了油田气举的安全、长效生产。

三代防腐工具简图如图 4.15 所示，分别为进口焊接式偏心工作筒、分体式偏心工作筒及整体锻造式偏心工作筒。

2002—2003 年，采用进口焊接式偏心工作筒保障油田生产，产品采购周期长、成本高；2004—2006 年，为降低技术成本，开发螺纹连接分体式偏心工作筒，工作筒整体无焊缝，防腐蚀性能优越，在油田成功应用，实现了防腐蚀气举工具的国产化，降低了技术成本；

2007 年至今，为了克服分体式偏心工作筒外径大，加工精度要求高的问题，开发整体锻造式气举工作筒，实现产品性能的大幅提升，成为油田主体防腐蚀气举工具。

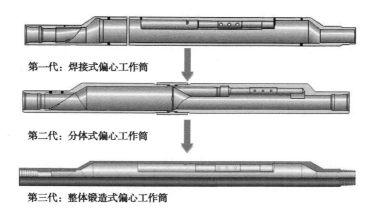

第一代：焊接式偏心工作筒

第二代：分体式偏心工作筒

第三代：整体锻造式偏心工作筒

图 4.15 防腐蚀气举工具简图

第 5 章　邻井气气举技术

邻井气气举以相邻高压气井作为气源，替代压缩机供气，实现对目标井的气举生产。该技术因无须建设地面增压设备，具有一次性投资低、建产快的技术特点，是一种高效、低成本的气举方式。

邻井气气举由于采用高压气源井替代高压压缩机，气举供气压力和气量易受气源井产能降低及节流装置或分离器等装置故障的影响。因此，主要应用于油井气举诱喷等油井短期生产或作为气举区注入气的临时性补充，长期气举生产系统稳定性较低。

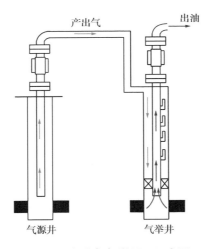

图 5.1　邻井气气举原理示意图

5.1　工艺原理及基本流程

5.1.1　工艺原理

高压气井供气气举生产，也称邻井气气举，是连续气举采油技术的低成本应用技术。该技术利用连续气举采油原理，对于具备高压气井条件的区块，采用高压气井替代高压压缩机作为气举气源进行连续气举生产，原理图如图 5.1 所示。

5.1.2 地面流程

邻井气气举采油通常是将气举采油井周围的一口或多口高压气井的天然气集中处理后再分配到单个或多个气举井进行气举采油生产，也可以将邻井高压气井产出气直接注入生产井进行气举采油，若在寒冷地区，流程中通常配有加热系统，以保证地面管线不发生冻堵。图 5.2 是一种邻井气气举井口工艺流程。

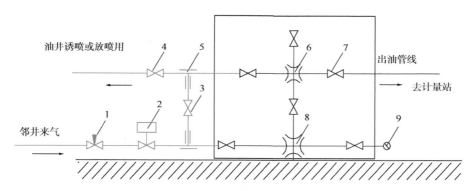

图 5.2 邻井气气举井口流程图

1—调节阀；2—气体流量计；3、4、7—闸阀；5—三通；6—小四通；8—大四通；9—压力表

5.1.3 技术优缺点

邻井气气举是一种高效、低成本的气举方式，系统流程简单，其主要包括高压气源井、气源井气量调节系统、井间供气管线、气举井。

邻井气气举的主要技术优势为：（1）高压气井作为气举气源，替代压缩机站，节约设备投资，一次性投资低；（2）无须建设压缩机站，能够实现油气田的快速建产。

邻井气气举的主要存在问题为：（1）高压气井产气量、生产压力随气井自身生产条件变化而变化，作为气举气源，稳定性不足，只能作为临时气源使用；（2）邻井气气举有一对一（一口气源井举升一口气举井）和一对多（一口气源井举升多口气举井）的生产模式，随着气举井井数增加，生产参数协调难度增加，管理难度大；（3）气源含有凝析油、水，易产生管线结蜡、冻堵；也含有腐蚀性流体，易造成管线腐蚀问题。

5.2　井间节点分析工艺设计方法

邻井气气举的总体设计思路是使用高压气井（气源井）替代传统气举系统中的气体增压装置。因此，系统中的气源井、气量调节系统、井间供气管线为供气系统，而目标气举井为生产系统，将供气系统和生产系统等效为一个生产单元，通过节点分析方法，协调气举供气系统和生产系统参数来实现邻井气气举设计。从根本上说，邻井气气举也是一种井间节点分析设计方法。

5.2.1　节点设置和协调参数确定

（1）节点设置。

邻井气气举分析节点设置于供气系统（气源井）和生产系统（气举井）之间，位于气量调节系统后部，靠近气举井的位置。图 5.3 为一对一、一对多两种邻井气气举生产模式的节点设置图。

（a）一对一邻井气气举生产节点

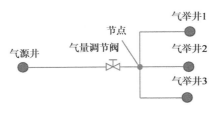

（b）一对多邻井气气举生产节点

图 5.3　邻井气气举节点设置

（2）节点协调参数。

协调注气系统和生产系统参数，分别以节点处压力和气量作为协调参数，构建井间节点分析基础，具体节点协调参数见表 5.1。

表 5.1　节点协调参数

类别	注气系统 （气源井）	生产系统 （气举井）
协调参数	产气量	注气量
	地面产气压力	注气工作压力

邻井气气举采油的设计与增压连续气举采油相同，不同的是首先要对气源井的资料进行分析和生产动态预测。邻井气气举采油的设计内容一般包括气举工艺参数设计、气举阀的分布深度及其参数、完井管柱类型选择、完井设计、投产设计等。

5.2.2　计算流程

井间节点分析计算流程如图 5.4 所示。主要计算步骤为：

（1）选择分析节点。

（2）注气系统（气源井）生产特性分析，以不同的气量调节孔径为敏感参数，绘制节点处的产气量—地面产气压力曲线。

（3）生产系统（气举井）生产特性分析，绘制节点处注气量—注气工作压力曲线。

（4）节点分析，求取可能的生产协调点。

（5）邻井气气举以高压气井未经处理的产出气直接用于气举。因此，需要进行水合物校核，尽量选择不产生水合物的生产协调点，或者配套水合物防治工艺。

（6）设计结果：气举井注气量、注气压力、注气深度、气源井调节嘴径。

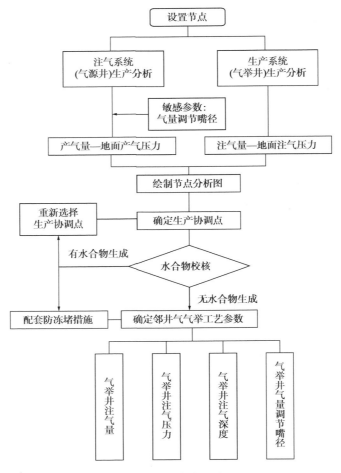

图 5.4　井间节点分析流程图

5.2.3　注气系统（气源井）生产特性

注气系统（气源井）生产特性分析模型如图 5.5 所示。与常规气井节点分析不同，分析节点设置在气井生产油嘴后端，因此分析模型应包含气量调节阀、气量调节阀前端的生产管线以及井筒部分，并在进行节点分析时包含储层渗流计算、井筒多相管流计算、井口地面管输水平流动计算及井口嘴流计算。因采用多种计算方法，计算工作量大，存在一定的累计误差，对基础资料的需求程度更高，需要不断拟合和修正计算参数，以获取足以支撑邻井气气举的计算结果。为了更好地适应邻井气气举的设计，需要分别计算不同油嘴尺寸的生产特性，计算曲线如图 5.6 所示。

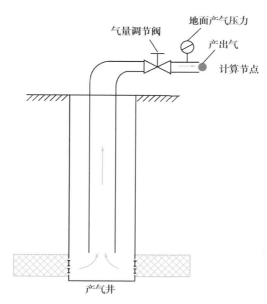

图 5.5　注气系统（气源井）分析模型

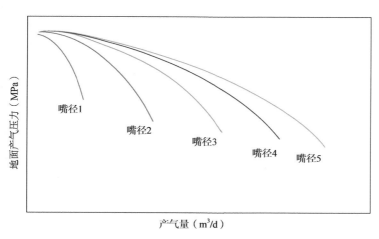

图 5.6　注气系统（气源井）生产特性

5.2.4 生产系统（气举井）生产特性

生产系统（气举井）生产特性分析模型如图 5.7 所示。生产系统（气举井）生产特性分析方法是采用构建不同注气压力条件下的气举动态特性曲线，依据气举井目标产量，取得不同注气压力条件下的气举注气量和注气深度，并最终形成注气量—注气工作压力曲线。单井气举井动态特性分析图如图 5.8 所示，单井注气量—注气工作压力曲线图如图 5.9 所示。

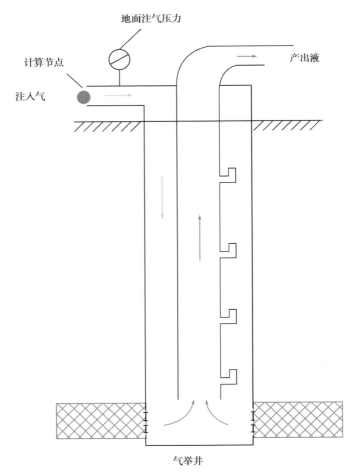

图 5.7　生产系统（气举井）分析模型

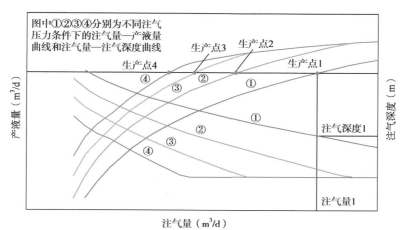

图 5.8　单井气举井动态特性分析图

　　需要说明的是，以上是一对一邻井气气举生产特性分析方法，针对于一对多邻井气气举生产模式，只需将系统内所有气举井的单井生产特性进行累加，形成综合生产特性即可。

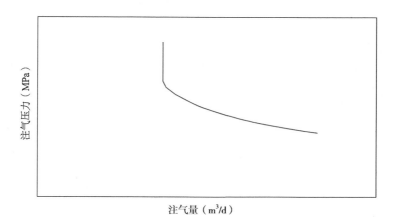

图 5.9　单井注气量—注气压力曲线

5.2.5　节点分析图

　　邻井气气举井间节点分析图如图 5.10 所示。从图中可见，注气系统（气源井）、生产系统（气举井）生产特性形成一系列的稳定生产协调点，这些协调点均可以成为邻井气气举的生产工艺参数，但在选择合理的工作制度时，需要满足一些工作条件：

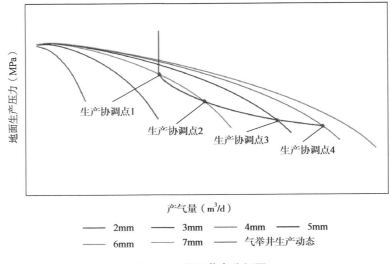

图 5.10　井间节点分析图

（1）水合物校核：所有协调点均要进行水合物校核，即在生产协调点情况下进行水合物生产条件计算，优先选择不生成水合物的工作制度，若无法避免水合物的生成，则采取必要的水合物防治措施。

（2）启动压力校核：按照 API 11V6 标准，对于采用注气压力操作阀的气举井，注气启动压力应高于注气工作压力 1.5~2MPa。因此，所有生产协调点均应当进行启动压力校核，即在启动压力条件下，气井产气量需达到设计注气量的 50% 以上。

（3）工作制度优选：气举井随着注气工作压力上升，能达到的注气深度越深，所需的注气量越少。因此，在满足水合物校核、启动压力校核条件下，优先选择更高注气压力的工作制度。

5.2.6 实例计算

（1）基础数据。

气源井 A：气藏埋深 2500m，地层静压 18MPa，储层温度 62.5℃，生产管柱采用 2 $\frac{7}{8}$in 油管，管脚深度 2480m。气井试采资料见表 5.2，组分资料见表 5.3。

表 5.2 试采资料

类别	测试点 1	测试点 2
产气量（$10^4 m^3/d$）	2	3
井底流压（MPa）	12	8

表 5.3 气体组分资料

组分	摩尔分数（%）	组分	摩尔分数（%）
C_1	78	iC_5	0.8
C_2	8	nC_5	0.5
C_3	3.5	C_6	0.5
iC_4	1.2	C_{7+}	6
nC_4	1.5		

气举井 B：油藏埋深 3000m，地层静压 22MPa，储层温度 75℃，产液指数 3m^3/（d·mPa），含水 50%，气油比 120m^3/m^3，井口油压 1MPa，生产油管 2 $\frac{7}{8}$in，最大注气深度 2900m，目标产量 28m^3/d。

地面注气系统：气量调节阀位于气举井井口，供气管线内径 60mm，长度 800m，地面环境温度 15℃。

（2）设计结果。

按照邻井气气举设计方法，选择气量调节阀后端为分析节点，建立井间节点分析图，如图 5.11 所示。由图可知，主要的生产协调点有 4 个，详细数据、水合物校核及启动压力校核结果见表 5.4。

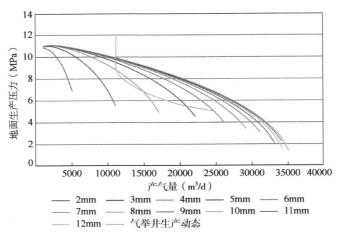

图 5.11　算例井井间节点分析图

表 5.4　生产协调点数据表

类别	协调点1	协调点2	协调点3	协调点4
注气压力（MPa）	8.8	6.9	5.5	5
注气量（$10^4m^3/d$）	1.12	1.49	2.06	2.47
注气深度（m）	2890	2550	2260	2160
气嘴尺寸（mm）	4	4	5	6
水合物校核	有	有	有	有
启动压力（MPa）	10.8 不满足	8.9 满足	7.5 满足	7 满足

　　通过校核分析，满足启动压力校核条件的协调点有三个，四个协调点均伴有水合物产生，需要配套水合物防治措施。因此，选择协调点 2 为最终设计结果。

5.3　现场应用情况

　　让纳若尔油田具备丰富的气顶气资源，气顶气开发气井（其简况见

表 5.5）普遍具有产能较高（日产气量 $15 \times 10^4 \sim 22 \times 10^4 \mathrm{m}^3/\mathrm{d}$），井口生产压力高（16~18MPa）的特点，同时距离气举生产区较近，为充分利用邻井气资源，在油田开展邻井气气举诱喷和邻井气气举接替生产两方面的应用，累计应用 63 口井，均取得理想的应用效果，缓解了油田气举系统供气压力，降低了气举技术成本。试验井类型见表 5.6。

表 5.5　气源井（气顶气开发井）生产状况

井号	井口油压（MPa）	井口套压（MPa）	射孔层段（m）	产气量（$10^4\mathrm{m}^3/\mathrm{d}$）
169	16.3	16.3	2547~2617	22
351	15.4	15.4	2656~2680, 2684~2714	16
627	17.2	17.2	2542~2576, 2580~2620	18
642	15.7	15.7	2590~2644	15

表 5.6　邻井气气举应用类型

应用类型	应用井次
邻井气气举诱喷	36
邻井气气举接替	27

5.3.1　邻井气气举诱喷

邻井气气举诱喷技术在油田累计应用 36 井次，投产成功率 100%，平均诱喷时间 69h，缩短了投产周期，提高了投产效果。典型应用井见表 5.7。

表 5.7　邻井气气举诱喷典型井应用效果

序号	井号	气源井	排液周期（h）	产量（t/d）	含水（%）	备注
1	3410	邻井 3408	54	38	0.8	自喷生产
2	3441	邻井 318	17	37	0.4	自喷生产
3	3490	邻井 2559 和 2544	48	45	0.3	自喷生产
4	338	邻井 341	66		100	高含水关井

续表

序号	井号	气源井	排液周期（h）	产量（t/d）	含水（%）	备注
5	3411	邻井 3408	13	70	0	自喷生产
6	2555	邻井 3438 和 3408	54	40	0.2	自喷生产
7	3356	邻井 3358	7	110		自喷生产
8	3606	邻井 3408	34			间歇供气
9	3561	邻井 3408	19	88	0.8	自喷生产
10	2381	邻井 2380	37	55	1.2	自喷生产
11	176	邻井 341	350			高含水关井
12	3605	邻井 3561	40	58	0	自喷生产
13	503	邻井 2402	56	46	2.8	自喷生产
14	176	邻井 341	177			间喷生产
平均			69	58		

5.3.2　邻井气气举接替

为缓解气举规模扩大与压缩机站建设周期长的矛盾，保障油井生产，油田开展了 27 口邻井气气举接替试验，取得良好的效果。试验井平均单井增产液量 39.6t/d，单井增产油量 38.4t/d，合计增产液量 1068t/d，增产油量 1038t/d。详细数据见表 5.8。

表 5.8　邻井气气举接替效果

序号	井号	注气前参数		注气后参数			对比		气源井
		产液量（t/d）	产油量（t/d）	产液量（t/d）	产油量（t/d）	含水率（%）	增液（t/d）	增油（t/d）	
1	176	0	0	28	26	8.0	28	26	341
2	338	0	0	35	32	10.0	35	32	341
3	342	10	8	57	56	2.1	47	48	649
4	503	8	7	46	45	2.8	38	38	2402
5	848	5	5	29	29	0.2	24	24	649
6	2016	0	0	20	20	0.1	20	20	627
7	2020	0	0	24	24	0.5	24	24	627

续表

序号	井号	注气前参数		注气后参数			对比		气源井
		产液量 （t/d）	产油量 （t/d）	产液量 （t/d）	产油量 （t/d）	含水率 （%）	增液 （t/d）	增油 （t/d）	
8	2029	7	6	48	47	1.1	41	41	630
9	2037	17	17	46	46	0.8	29	29	630
10	2042	7	7	43	42	1.3	36	35	642
11	2043	0	0	28	28	0.8	28	28	642
12	2049	4	3	53	52	1.7	49	49	630
13	2092	13	12	44	43	1.6	31	31	649
14	2099	16	15	90	88	2.4	74	73	630
15	2102	0	0	25	25	0.1	25	25	642
16	2116	11	10	55	54	1.5	44	44	2380
17	2381	5	4	55	54	1.2	50	50	2380
18	2555	3	3	40	40	0.2	37	37	3438 和 3408
19	3026	0	0	21	21	0.1	21	21	169
20	3356	18	15	110	83	25.0	92	68	3358
21	3410	4	4	38	38	0.8	34	34	3408
22	3411	17	17	70	70	0.0	53	53	3408
23	3441	15	14	37	37	0.4	22	23	318
24	3490	7	7	45	45	0.3	38	38	2559 和 2544
25	3561	21	20	88	87	0.8	67	67	3408
26	3605	16	16	58	58	0.0	42	42	3561
27	3606	3	2	42	41	1.7	39	39	3408
平均		7.7	7.1	47.2	45.6	2.4	39.6	38.4	
合计		207	192	1275	1230		1068	1038	

第6章 湿气气举技术

湿气气举是指采用未经处理的伴生气增压作为气举工艺气的气举方式。为了缓解气量供需矛盾，降低气举技术成本，缩短气举地面建设周期，让纳若尔油田自 2008 年起开展湿气气举技术试验，并逐步推广应用到油田的全部气举井，实现了腐蚀性气源气举技术的规模应用。

6.1 应用背景及历程

根据让纳若尔油田气举实施方案要求，油田采用油气处理厂处理后的合格干气作为气举工艺气气源，建成气举压缩机站 1 座，安装压缩机组 3 套，压缩机数量 8 台，采用开 7 备 1 的工作制度。其中，1 号压缩机组安装 2 台 MK–8 型压缩机，额定工作排量 33000m³/h，日供气量 79.2×10^4m³/d，开 1 备 1；2 号压缩机组安装 3 台美国库伯公司生产的燃气往复式压缩机，额定工作排量 42000m³/h，日供气量 100×10^4m³/d；3 号压缩机组安装 3 台美国汉诺华公司生产的燃气往复式压缩机，额定工作排量 42000m³/h，日供气量 100×10^4m³/d，气举区总供气能力约为 240×10^4m³/d，压缩机组的运行时率为 96.8%~99.7%。压缩机组总体运行情况见表 6.1。

表 6.1　干气压缩机组运行情况

压缩机组	总台数	实际运行台数	出口压力（kgf/cm²）	工作排量（10⁴m³/d）	供气方向
1	2	1	102	39.6	北区
2	3	3	100	96	北区
3	3	3	105	102	北区 47# 和南区 11 个配气间

让纳若尔油田自 2001 年开展气举试验以来，气举规模逐渐扩大，气举规模由 2001 年的 11 口井扩大至 2007 年的 271 口井，气举区总注气量达到 $191 \times 10^4 m^3/d$（图 6.1），已达压缩机组最大供气能力的 80%，让纳若尔油田干气气举系统已达饱和状态，无法维持气举区的持续扩大。由于让纳若尔油田干气处理能力受限，无法提高干气气举工艺气供气能力，同时油田尚有 $300 \times 10^4 m^3/d$ 伴生气无法处理。因此，结合油田开发现状，开展湿气气举技术的配套和应用，持续推进让纳若尔油田扩大气举规模，维持油田稳产和上产工作。

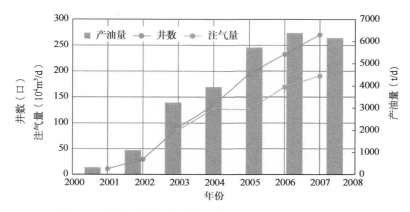

图 6.1　气举规模及注气量年度示意图（2001—2007 年）

让纳若尔油田湿气气举发展历程，主要分为三个阶段。

第一阶段：2008—2009 年开展湿气气举先导性试验阶段。2008 年

9月，4#湿气压缩机组正式投用，开机4台压缩机，共开展9座配气间的湿气试注试验。实际工作参数及所供配气间见表6.2。

（1）9月4日，4#湿气压缩机组正式投用，首批供气配气间为南区的11#、15#、20#、24#和73#配气间；

（2）9月9日，14#、21#配气间转由4#机组供气；

（3）10月16日，12#、78A#配气间转由4#机组供气，湿气气举规模扩大至9个配气间。

表6.2 4#压缩机组实际工作参数及所供配气间

日期	入口压力（MPa）	出口压力（MPa）	排量（10^4m^3/d）	所供配气间
9.4—9.9	0.51	9.1~10	1.2~2.7	11#、15#、20#、24#、73#配气间
9.10—10.15	0.51	9.4~9.7	1.9~4.1	11#、14#、15#、20#、21#、24#、73#配气间
10.16—12.31	0.51	9.4~9.7	1.9~4.1	11#、12#、14#、15#、20#、21#、24#、73#、78A#

第二阶段：2009—2011年扩大湿气气举试验规模。扩大湿气气举规模分为三个阶段，湿气压缩机开机数量逐步上升至8台，湿气供气量达到$190\times10^4m^3$/d，湿气机组供气利用率达到95.18%，供气配气间24个，实现了南区气举井的湿气气举全覆盖。扩大湿气气举规模实施情况简表见表6.3。

表6.3 扩大湿气气举规模情况简表

阶段	4#机组工作状况			生产状况					时间
	开机（台）	出口压力（kgf/cm²）	排量（m³/h）	配气间数量（个）	注气井数量（口）	耗气量（m³/h）	产液量（t/d）	产油量（t/d）	
一期	6	96.2	48257	12	81	32500	1436	1242	2009.1.1—6.12
二期	8	97.3	78820	20	119	59900	2494	2138	2009.6.12—10.18
三期	8	97.5	79620	24	134	75786	3201	2684	2009.10.18—2011.1.21

第三阶段：2011年至今，湿气气举全面推广。2011年2月21日—

3 月 28 日 12 : 23 五号压缩机组试运行，北区湿气气举注气 5 个配气间，47#、47A#、67#、70#、29#。2011 年 8 月 20 日五号压缩机组全面投运，北区全部配气间开展湿气气举应用，让纳若尔油田实现全面湿气气举生产。

6.2 气源评价及工艺流程

6.2.1 气源评价

湿气气举使用未经处理的伴生气作为压缩工艺气源，工艺气富含 H_2S，具有强腐蚀性及毒性，湿气气源成分与干气工艺气对比见表 6.4。从表中可见，湿气气举工艺气使用的油田伴生气富含 H_2S（H_2S 摩尔百分比：2.5%），干气气源几乎不含 H_2S；湿气气源中 CH_4、C_2H_6 含量 83.48%，干气气源 CH_4、C_2H_6 含量 93.51%，湿气气源中重烃组分较干气高约 10%。

表 6.4 湿气气源与干气工艺气组分对比表

组分	新厂干气 [%（摩尔分数）]	老厂干气 [%（摩尔分数）]	湿气 [%（摩尔分数）]
CH_4	84.64	83.9	74.17
C_2H_6	8.51	9.61	9.31
C_3H_8	3.67	4.16	7.11
$i-C_4H_{10}$	0.43	0.36	1.25
$n-C_4H_{10}$	0.66	0.49	2.06
$i-C_5H_{12}$	0.11	0.06	0.46
$n-C_5H_{12}$	0.07	0.07	0.25
C_{6+}	0.01	0.01	0.13
N_2	1.83	1.34	1.85
CO_2	0.07	0	0.7
H_2O	0.00354	0.00354	
H_2S	$\leq 20mg/m^3$	$\leq 20mg/m^3$	2.5
硫醇			$530mg/m^3$

（1）H₂S 腐蚀。

H₂S 分压是判断是否会产生腐蚀的基本判据。表 6.5 为不同压力条件下让纳若尔湿气气举工艺气的 H₂S 分压（工艺气 H₂S 摩尔百分比为 2.3%）。

表 6.5　不同压力下 H₂S 分压值

供气压力（MPa）	4	6	8	10	NACE 标准 H₂S 腐蚀分压值
H₂S 分压（MPa）	0.092	0.138	0.184	0.23	$\geqslant 3 \times 10^{-4} MPa$

由表 6-5 可知，即使在低注气压力条件下（4MPa），H₂S 分压为 0.092MPa，湿气气举工艺气仍存在较强的腐蚀性。根据让纳若尔油田气举系统要求，压缩机出口压力 11~12MPa，供气干线管输压力 10~11MPa，供气支线管输压力 9.5~10MPa，单井管线管输压力 6~9MPa，因此输气干线、支线、单井管线及配气间等地面设备均会产生腐蚀。

（2）水合物分析。

天然气水合物是影响气举地面系统正常工作的主要因素之一。图 6.2 为干气、湿气的水合物生成条件。

如图 6.2 所示，在让纳若尔油田气举系统压力条件（6~12MPa）下，采用湿气水合物生成温度较干气高 4~6℃，因此，采用湿气气举更易造成气举地面系统的冻堵事件。

根据以上分析，采用未经处理的伴生气作为气举工艺气气源极易引发腐蚀及地面系统冻堵事件。因此，在让纳若尔油田实施湿气气举过程中需要综合考虑防腐蚀和防冻堵措施配套。

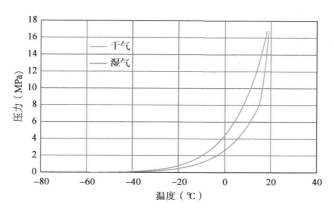

图 6.2　干、湿气水合物生成条件

6.2.2　湿气气举工艺流程

图 6.3 为湿气气举工艺流程简图。油田生产未经处理的油田伴生气
（0.5~0.7MPa，2~5℃，不脱硫）先进压缩机进口分离器，将气体中的机杂
分离后，供应增压压缩机组，增压至 11MPa，进入压缩机出口分离器分出
游离烃水，除去游离烃水的伴生气进分子筛脱水橇，经分子筛脱水橇脱水
后的伴生气进入气举配气管网，系统配套加注缓蚀剂装置，在系统压缩机
出口处添加缓蚀剂，随高压工艺气一同进入气举生产管网。整体工艺流程
简单、适用，操作方便。

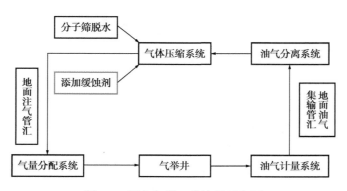

图 6.3　湿气气举工艺流程示意图

（1）压缩机。

设计压缩机单机排量 $30 \times 10^4 m^3/d$，选择燃气驱压缩机组，压缩机燃料气采用处理厂外输干气，压缩机整体材质选择抗硫化氢腐蚀材料，满足高含硫环境增压需求。湿气气举压缩机技术规格见表6.6。

表6.6 湿气气举压缩机技术规格表

序号	项目		内容
1	设备排量（$10^4 m^3/d$）		30
2	压缩气体		含硫油田伴生气
3	温度（℃）	进口	2~5
		出口	50~55
4	压力（MPa）	进口	0.7~1.0
		出口	11
8	防爆等级		主机：IEC 二区 ⅡA 组 T3 控制盘：IEC 一区 ⅡA 组 T3
9	轴功率（kW）		1166
10	原动机功率（kW）		1324

（2）分子筛脱水撬。

为降低湿气腐蚀及工艺气冻堵概率，采用分子筛脱水橇实现气体脱水目的。分子筛脱水撬技术规格见表6.7。

表6.7 分子筛脱水撬技术规格表

序号	项目	内容
1	处理量（$10^4 m^3/d$）	300
2	塔数（个）	3
3	操作压力（MPa）	11
4	进口温度（℃）	30~40
5	出口温度（℃）	30~35
6	出装置天然气水露点（℃）	−50
7	再生气冷却方式	空冷

（3）缓蚀剂注入泵。

缓蚀剂注入泵主要用于满足缓蚀剂的注入，降低湿气气举工艺气腐蚀情况。缓蚀剂注入泵技术规格见表 6.8。

表 6.8　缓蚀剂注入泵技术规格表

序号	项目	内容
1	工作介质	缓蚀剂
2	介质温度（℃）	常温
3	允许压力（MPa）	16
4	排量（L/h）	0~20
5	电动机功率（kW）	0.37
6	防爆或防腐	电动机防爆，泵体考虑外防腐

6.3　先导试验情况及防腐防冻措施改进

6.3.1　先导试验情况

2008 年 9 月开展湿气气举先导试验，由于湿气压缩机组投运，湿气气举先导试验气举区整体注气量、产量上升，配气间压力上升，缓解了气举区供气矛盾。

（1）产量分析。

湿气压缩机启动 4 台压缩机，气举系统日供气能力增加 $102 \times 10^4 m^3/d$，2008 年 9 月至 2009 年 3 月，新投气举井 14 口，气举规模由 299 口扩大至 313 口，19 口间开井、关停井注气生产，开井率上升 4%，同时增加 10 口井气举注气量，气举区合计增加注气量 $60 \times 10^4 m^3/d$，日增产油量 484t，累计增产油量 42592t（表 6.9）。

表 6.9　湿气气举先导试验效果统计

类别	新转井	上调气量气举井	间开转为正常生产	关井转为间开	合计
井数（口）	14	10	9	10	43
增加注气量（m³/h）	8480	3170	5910	6600	24160
增加产液量（t/d）	358	81	138	223	800
增加产油量（t/d）	276	75	86	47	484
累计增产（t/d）	24282	6600	7568	4136	42592

（2）配气间压力分析。

湿气气举先导试验区，$4^{\#}$ 机组供气配气间 9 座，配气间进站压力由试验前的 8.8MPa 上升至 9.5MPa，累计上升 0.7MPa，如图 6.4 所示；$3^{\#}$ 机组供气配气间 13 座，因部分配气间转 $4^{\#}$ 机组供气，注气压力上升，由试验前的 9MPa 上升至 9.5MPa，累计上升 0.5MPa，如图 6.5 所示；$1^{\#}$、$2^{\#}$ 机组供气生产配气间为 17 个，较投运前供气配气间减少 1 个，注气压力变化不大，由试验前的 9.3MPa，累计上升至 9.6MPa，注气压力上升 0.3MPa，如图 6.6 所示。通过湿气压缩机运行，气举区整体供气状况改善，气举区全部配气间进站压力均达到 9MPa 以上，满足了气举设计井口注气压力要求，达到了先导试验的目的。

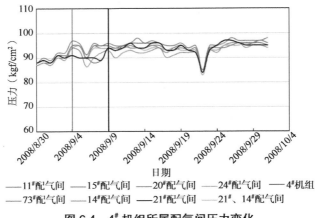

图 6.4　$4^{\#}$ 机组所属配气间压力变化

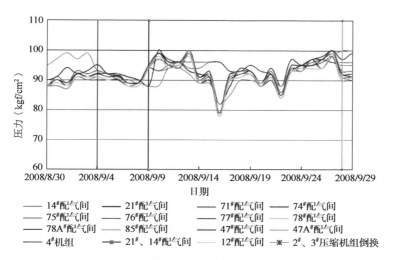

图 6.5　3# 压缩机所属配气间压力变化

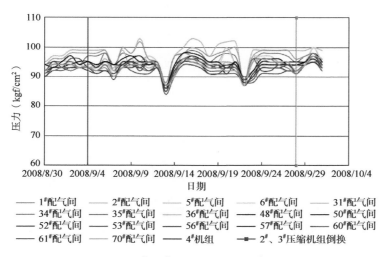

图 6.6　1#、2# 压缩机组所属配气间压力

（3）存在问题。

①冻堵。

湿气气举投用后，所属配气间冻堵频繁，严重影响气举井正常生产。尤其是进入冬季以后，环境温度降低，油田湿气气举试验区配气间开始大面积冻堵，尤其是 15#、20#、24# 等相对较老的配气间由于其密封保温和伴热措施陈旧，配气间冻堵更为严重。

湿气气举先导试验阶段以来，共发生冻堵事件 47 次，油井冻堵 474 井次，累计造成降产油量 2806t，严重影响湿气气举的正常运行，其统计结果见表 6.10。

导致配气间冻堵原因根据现场观察有两个方面：一是温度降低，形成水化物冻堵，冻堵部位多数发生在配气间调节阀处，其中井口注气压力越低，冻堵概率越高；二是由于 4# 机组所供气中加入了缓蚀剂，缓蚀剂在节流处堵塞，冻堵产物为黑色液体，液体缓蚀剂一定程度上增加了冻堵发生概率。

表 6.10　湿气气举冻堵统计

日期	冻堵部位	配气间	井数	降产液量（t/d）	降产油量（t/d）
2008/9/24	配气间冻堵	14#、21#	8	56	44
2008/9/25	配气间冻堵	14#、21#、20#	10	63	52
2008/9/26	配气间冻堵	14#、21#、20#	13	86	78
2008/9/27	配气间冻堵	14#、21#、24#	16	104	95
2008/9/28	配气间冻堵	14#、21#、20#	15	84	77
2008/9/29	配气间冻堵	15#、20#	6	48	42
2008/9/30	配气间冻堵	20#	1	3	3
2008/10/1	配气间冻堵	20#	3	19	14
2008/10/2	配气间冻堵	20#	4	43	37
2008/10/6	配气间冻堵	20#、21#、15#	6	50	46
2008/10/8	20# 配气间冻堵	20#	6	48	45
2008/10/9	20#、15# 配气间冻堵	20#、15#	3	22	20
2008/10/13	配气间冻堵	11#、15#、20#、73#、17#	10	59	52
2008/10/14	配气间冻堵	12#、20#、74#、78#	11	62	55
2008/10/15	配气间冻堵	15#、20#、12#	8	49	42
2008/10/16	配气间冻堵	12#、15#、20#、24#、78#	13	64	57
2008/10/17	配气间冻堵	12#、15#、20#、24#	10	45	38
2008/10/19	配气间冻堵	12#、20#、24#	8	47	40

续表

日期	冻堵部位	配气间	井数	降产液量（t/d）	降产油量（t/d）
2008/10/20	配气间冻堵	12#、15#、20#、24#、78A#	10	51	43
2008/10/22	配气间冻堵	12#、17#、20#、24#	14	111	103
2008/10/23	配气间冻堵	12#、20#、78A#	4	24	22
2008/10/25	配气间冻堵	12#、20#、15#	5	42	31
2008/10/26	配气间冻堵	11#、12#、15#、21#、78A#	5	68	32
2008/11/14	供气管线冻堵	12#、15#、17#、20#、21#、24#	14	106	94
2008/11/15	供气管线冻堵	12#、15#、20#、21#、24#	8	87	77
2008/11/16	供气管线冻堵	20#、24#	10	107	95
2008/11/17	20#配气间供气管线冻堵	20#	9	130	122
2008/11/18	供气管线冻堵	12#、15#、20#、24#、78A#	16	124	116
2008/11/26	供气干线堵塞				
2008/11/27	配气间冻堵	17#、15#、11#、20#、21#	17	81	73
2008/11/28	配气间冻堵	17#、15#、11#、20#、21#、24#	23	94	85
2008/12/4	配气间冻堵	12#、20#、75#、76#	19	90	81
2008/12/8	供气管线冻堵	71#、85#、17#、15#、20#	10	102	95
2008/12/10	配气间冻堵	14#、17#、20#、24#、74#、85#	18	114	106
2008/12/11	配气间至井供气管线堵	15#、17#、21#、77#、85#	11	62	54
2008/12/13	配气间至井供气管线堵	11#、20#、21#、85#	10	57	49
2008/12/14	配气间至井供气管线堵	11#、15#、17#、21#、85#	11	60	52
2008/12/15	配气间至井供气管线堵	11#、21#、85#	7	44	38
2008/12/16	配气间至井供气管线堵	11#、21#、71#	10	72	64
2008/12/17	配气间至井供气管线堵	11#、14#、15#、21#、71#、76#、77#	11	56	48
2008/12/18	配气间至井供气管线堵	11#、14#、15#、17#、21#、71#	11	72	64
2008/12/19	配气间至井供气管线堵	11#、14#、15#、17#、21#、85#	21	114	106
2008/12/20	配气间至井供气管线堵	14#、15#、17#、21#	9	102	75
2008/12/21	配气间至井供气管线堵	11#、15#、17#、24#	10	86	77
2008/12/22	配气间至井供气管线堵	11#、15#、17#、21#、24#	12	75	59
2008/12/23	配气间至井供气管线堵	11#、15#、17#、24#、85#	10	67	53
2008/12/25	配气间至井供气管线堵	14#、15#、20#、21#、73#	8	61	55
平均				70	61
合计			474	3211	2806

②管线漏失。

图 6.7　管线漏失现场图片

湿气气举使用具有强腐蚀性的含硫伴生气为气源，对气举系统造成一定程度的腐蚀，12 月 8 日，74#、85# 配气间供气干线刺漏，造成配气间停供气 15h，此次事件的发生，为湿气气举的安全运行敲响了警钟，如图 6.7 所示。

先导试验阶段，已发生 4 起供气管线破裂、泄漏事件，因湿气机组工艺气富含硫化氢，工艺气泄漏除对气举生产造成影响外，还易造成环境污染及人员伤害事件。2008—2009 年先导试验阶段管线泄漏事件统计见表 6.11。

表 6.11　先导试验区管线泄漏事件统计

日期	事件描述
2008/12/8	74#、85# 配气间供气干线破裂
2009/1/10	38# 配气间供气干线破裂
2009/2/1	78A# 配气间至 5047 井供气管线破裂
2009/3/1	78# 配气间至 5056 井供气管线破裂

6.3.2　改进措施

针对湿气气举先导试验出现的问题，从分子筛脱水、管网布置、配气间整改等几个方面进行重点整改。

（1）提高分子筛出口温度。

根据现场提供的回注气气体摩尔组分，通过 HYSYS 软件模拟计算，气体在不同压力下形成水合物的最低温度如图 6.8 所示。

当操作运行温度低于其水合物形成温度，将会发生冻堵。根据模拟计算，气体在操作压力 2.5MPa 时的水合物形成温度为 14.8℃；操作压力 3.0MPa 时的水合物形成温度为 17.9℃；操作压力 10.0MPa 时的水合物形成温度为 24.35℃。结合让纳

Tabular Data		
Table Type	Hydrate	▼
Pressure [kPa]	Temperature [℃]	Volume [m³/kgmole]
429.0	2.208	
888.4	8.145	
1780	13.86	
3386	18.79	
5923	22.28	
6045	22.39	
8157	23.70	
9674	24.25	
1.040×10^4	24.46	
1.040×10^4	24.49	
1.040×10^4	24.48	

图 6.8　气体在不同压力下形成水合物的最低温度

若尔油田气举供气管网计算，当分子筛出口温度高于 50℃时，可满足管网末端温度达到 24℃以上，因此，调整分子筛出口温度为大于 50℃，降低现场冻堵发生概率。

（2）管线保温。

主供气管线保温、伴热，对于介质可能发生冻结的管道采取保温或保温伴热措施，管道保温层厚度（<200℃）见表 6.12。伴热方式为电伴热。

表 6.12　管道保温层厚度表（＜200℃）

DN（mm）	20	25	32	40	50	80	100	150
厚度（mm）	30	30	30	40	40	40	50	50
DN（mm）	200	250	300	350	400	450	500	≥600
厚度（mm）	60	60	60	60	60	60	60	80

（3）调整气举管网。

让纳若尔油田气举区初期建设管网为环形布站与树形布站方式相结合的形式，树形布站方式压力损耗大，由于供气压力降低，带来较为严重的降温，加剧了冻堵发生的概率。同时，树形布站方式末端配气间易形成管

网积液，加剧腐蚀。因此，新建部分气举干线，将油田气举区管网全部调整为环形布站方式。

新建南区气举供气干线 1.5km，管线规格 D219×12，埋地敷设，输送伴生气约 $148.76×10^4m^3/d$；新建北区气举供气干线 8.5km，管线规格 D219×12，埋地敷设，输送伴生气约 $151.24×10^4m^3/d$。新旧管线连头采用：在已建的管线上增加 DN150 等径三通 1 个，增加 DN150×DN200 同心大小头 1 个，扩大管径到 DN200 与已建的管线连接，并新增抗硫闸阀用于线路切断，管材选用抗硫化氢氢脆腐蚀的低碳钢。

（4）更换老旧配气间。

让纳若尔油田自 2001 年开展气举采油，初期配套配气间主要适应干气气源，采用湿气气举后呈现一定的不适应性，主要表现为：

①伴热保温装置老化，伴热温度只有 30℃，伴热温度低；

②不具备自动调节装置，依靠手动进行气量调节，调节效率低，且易堵塞引发冻堵；

③未安装硫化氢报警、紧急切断装置，不能实现硫化氢监测和管线泄漏紧急制动控制；

④换气装置老化，部分无法启动，无法实现对可燃气体、有毒气体的可靠置换。

因此，为了顺利推进湿气气举技术应用，对 17 座老旧配气间进行更换和升级改造。湿气气举配气间如图 6.9 所示，主要技术配套为：

图 6.9　湿气气举配气间内部设施图

①增加配气间密封和注气管线保温，提高伴热温度至 40℃，提高保温伴热效果；

②增加硫化氢、燃气监测报警装置和数据传输功能，实现配气间实时监测和预警；

③增加紧急切断装置和自动换气装置，实现监测、报警、紧急、换气联动，确保配气间安全；

④进行自动化升级改造，安装气量自动调节装置，实现注气量自动调节，确保生产平稳；

⑤增加注甲醇泵和甲醇存储装置，及时开展配气间冻堵解堵作业。

6.4　现场应用情况

湿气气举在油田已实现规模应用，建成湿气压缩机组两套，安装湿气压缩机 23 台，具有 $600 \times 10^4 m^3/d$ 供气能力，基本覆盖让纳若尔油田全部气举井，技术应用 15 年以来，取得了良好的应用效果。湿气压缩机组简况见表 6.13。增加了气举工艺气供气能力，保障了气举规模的持续扩大。

表 6.13　湿气压缩机组基本情况

压缩机组	压缩机型号	总台数（台）	吸入压力（MPa）	出口压力（MPa）	工作排量（$10^4 m^3/d$）
Ⅳ	湿气压缩机	10	0.51~0.52	9.3~9.5	161.4~184.3
Ⅴ	湿气压缩机	13	0.07~0.35	10~10.5	243.4~409.4
合计		23			

自湿气气举应用以来，截至 2022 年，气举规模由 271 口井扩大至 583 口井，新增气举生产井 312 口井，气举区注气量由 $191 \times 10^4 m^3/d$ 增加

至 $498 \times 10^4 \mathrm{m}^3/\mathrm{d}$，新增销售干气 $200 \times 10^4 \mathrm{m}^3/\mathrm{d}$，在油田地层压力持续降低，含水持续上升的情况下，确保了油田产量，降低了油田递减率。

配套防冻堵、防腐措施合理有效，保障了湿气气举正常运行。

（1）冻堵影响评价。

为了正确分析和评价冻堵事件对系统的影响程度，建立冻堵发生率和生产影响率两个评价参数，其中冻堵发生率表征的冻堵发生的验证程度，而生产影响率表示的是冻堵事件对气举系统生产能力的影响。

由于冻堵是以时间点为基础发生的异常事件，冻堵发生率的定义为冻堵井次与湿气气举生产总井数生产时长的比值，其基本表达式为：

$$冻堵发生率 = 冻堵井次 / （总井数 \times 生产时间）$$

同理，生产影响率的定义为冻堵影响产量与湿气气举供气系统系统气举井总产油量的比值，其基本表达式为：

$$生产影响率 = 冻堵降产量 / （总日产 \times 生产时间）$$

表 6.14 为让纳若尔油田湿气气举区历年冻堵发生率评价表（注：2012、2013 年度为分子筛扩建期。湿气气举 5# 压缩机组投运以后，湿气总供应量超过分子筛最大处理能力，导致冻堵发生率上升）。从表中可见，随着湿气气举防冻堵措施逐年配套，区块冻堵发生情况降低，冻堵发生率由先导试验阶段的 6.25% 逐渐降低至 0.23%。由此可见，让纳若尔油田配套的防冻堵措施满足现场应用。

表 6.14　湿气气举历年冻堵率统计表

年度	湿气井数（口）	冻堵井次（次）	冻堵发生率（%）
2008	81	506	6.25
2009	134	2571	5.33
2010	148	1663	3.12

续表

年度	湿气井数（口）	冻堵井次（次）	冻堵发生率（%）
2011	317	2257	1.98
2012	352	6661	5.26
2013	375	9298	6.89
2014	382	5034	3.66
2015	395	3121	2.19
2016	394	200	0.14
2017	411	1569	1.06
2018	416	2693	1.80
2019	420	557	0.37
2020	405	1644	1.13
2021	409	57	0.04
2022	409	340	0.23

表 6.15 为让纳若尔油田湿气气举区历年冻堵生产影响率评价表（注：2012、2013 年度为分子筛扩建期。湿气气举 5# 压缩机组投运以后，湿气总供应量超过分子筛最大处理能力，导致冻堵发生率上升）。从表中可见，随着湿气气举防冻堵措施逐年配套，区块冻堵发生情况降低，冻堵生产影响率由先导试验阶段的 2.31% 逐渐降低至 0.08%。由此可见，冻堵对湿气气举生产系统的影响极低，防冻堵措施满足现场应用。

表 6.15　湿气气举历年冻堵生产影响率统计表

年度	湿气区日产油量（t/d）	冻堵降产量（t）	生产影响率（%）
2008	1242	2871	2.31
2009	2684	13908	1.44
2010	2778	8355	0.84
2011	5549	9978	0.50
2012	5135	17988	0.97
2013	5377	35839	1.85

续表

年度	湿气区日产油量（t/d）	冻堵降产量（t）	生产影响率（%）
2014	5551	26080	1.31
2015	5533	15749	0.79
2016	5047	551	0.03
2017	4918	4513	0.25
2018	4623	7344	0.44
2019	4577	2626	0.16
2020	3906	6261	0.45
2021	3700	205	0.02
2022	3414	992	0.08

（2）腐蚀影响评价。

随着分子筛系统运行趋于稳定，管网系统建设、老旧配气间更换等措施逐渐到位，油田湿气气举生产区再未发生地面管线泄漏事件。同时，根据让纳若尔油田下过气举管柱的 689 口井气举生产管柱免修期统计分析，10 年以上免修期油井占比达到 54%，油田平均油井免修期以达到 9.87 年，最长免修期达到 23 年，未发生井下管柱腐蚀断裂事件。由此可见，配套的防腐蚀工艺能够满足湿气气举系统运行要求。油井免修期分级统计见表 6.16。

表 6.16　油井免修期分级统计表

序号	入井时间分类	井数（口）	所占比例（%）
1	超过 20 年（含 20 年）	26	3.77
2	15~20 年（含 15 年）	144	20.90
3	10~15 年（含 10 年）	206	29.90
4	5~10 年（含 5 年）	176	25.54
5	1~5 年	137	19.88
	合计	689	100

第 7 章　压裂—气举一体化技术

让纳若尔油田为碳酸盐岩油藏，具有低压、高气油比、H_2S 气体含量高等特点。地层压力系数仅为 0.4~0.7MPa/100m，伴生气中 H_2S 含量高达 2.5mol%，随着油田开发不断深入，酸化和酸压技术逐渐成为让纳若尔油田增产的最主要措施，由于地层压力系数仅为 0.4~0.7MPa/100m，措施改造后油井自喷返排能力较弱，压裂液返排困难形成作业污染，造成油井恢复产能速度较慢，根据现场需求油田现场配套措施改造气举一体化技术。

7.1　技术背景

（1）地层压力低，造成地层污染，导致油井产量下降。

随着油田的不断开发，部分气举井地层能量逐渐下降，极易造成地层污染，导致气举井产油量随之下降。统计表明，2007 年至 2010 上半年让纳若尔油田每年因地层能量下降造成产油量下降的气举井有 40 多口，产能下降井占总降产井数的 73.34%，单井平均产油量下降 9.64t/d，累计日降低产油量 1730t/d，详细数据见表 7.1。

表 7.1 2007—2010 年让纳若尔油田产能下降井统计

年度	产能下降降产井数（口）	降产井总井数（口）	总井数（口）	所占比例（%）	产油量降低（t/d）	平均单井产油量降低（t/d）
2007	31	42	268	73.8	−315	−10.16
2008	59	87	314	67.82	−593	−10.05
2009	57	80	340	71.25	−513	−9
2010 上半年	33	41	354	80.49	−309	−9.36
平均	45			73.34		−9.64
合计	211				−1730	

2363 井是这一类油井的典型代表，转气举前日产液 49t/d，2005 年 8 月转气举后日产液只有 41t/d，日产量下降了 8t/d（图 7.1）。并且转气举生产后井底流压已经下降了 6MPa，生产压差得到了放大，但油井却没有获得增产效果，其原因主要是油井在作业过程中受到严重污染，造成作业后产量大幅度降低。

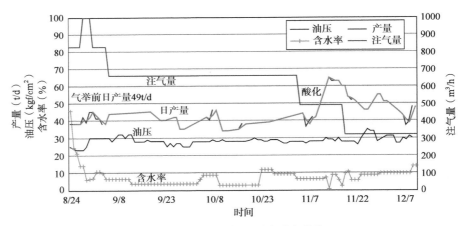

图 7.1 2363 井气举生产动态曲线

（2）酸液返排时间长，造成油井二次污染。

让纳若尔油田部分油井由于在修井作业过程中对储层造成严重污染，导致转气举后增产效果不明显。造成油井严重污染的主要原因为油井修井作业周期长，在修井作业过程中压井液对近井地带的储层进行长时间的浸泡及压井液的漏失，压井液中固相颗粒在近井地带形成沉积，堵塞近井地带的孔隙喉道，降低了近井地带储层的渗透率。如 2007 年 6 月对 3332、2092、3365 等井压井作业后转气举，气举产量较转前有所下降，后经过酸化解堵措施作业或长时间放喷排液进行大生产压差净化回吐作业过程中进入地层中的颗粒后，气举生产产量才得到较大幅度的提高。

例如 2029 井酸化后作业产量反而下降，由酸化前气举日产量 32t/d 降到酸化后的气举日产量 18t/d（图 7.2），该井气举生产工况稳定，酸液返排时间长达 17d，分析认为修井作业和酸化过程中造成二次污染。

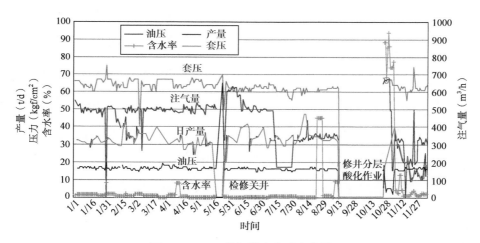

图 7.2　2029 井气举生产动态曲线

综上所述，地层压力低及易造成地层污染是让纳若尔油田气举井降产的主要原因。因此，需要研发以保护油藏和提高改造效果为核心的气举完井管柱，配套相应的完井工具，达到减少入井流体进入地层、加快返排速度、减少二次污染等目的，提高低产、低效气举井的产量和举升效率，以保证气举井稳产。

7.2　措施一体化气举完井技术

措施一体化气举技术是指在酸化、压裂措施管柱上配套多级气举阀，酸化、压裂施工结束后不起出管柱，直接采用气举方式实现酸液、压裂液的快速返排，是措施作业工艺和气举技术的结合。该技术减少作业次数，提高作业效率，减少了液体对地的二次污染，从而提高了酸化压裂效果，降低建井成本，使油井尽快投产，用于让纳若尔油田现场，取得了很好的应用效果。

7.2.1　技术原理及思路

措施作业气举一体化技术是气举采油理论的进一步发展和延伸，通过在原措施管柱上安装气举阀，措施作业后不动管柱，从油套环空向油管注入一定量的高压气体，降低油管内流体密度，降低井筒压力，并充分利用气体的膨胀能，在较短的时间内达到排空井筒和地层滞留的压裂残液，使油井实现自喷，强化措施效果的目的。

措施作业气举一体化技术主要由地面供气系统和井下举升系统组成。前者提供气举返排所需连续高压气源，供气设备可以是制氮车等临时设备，也可以是固定式的气举供气管网工艺气，后者提供油套沟通通道和过气通道，保证高压气顺利进入油管，进行举升。两部分系统共同组成完整的措施作业气举一体化技术，如图7.3所示。

让纳若尔油田普通压裂管柱通常在

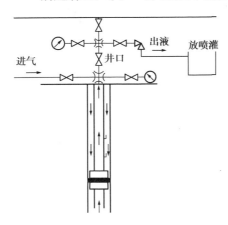

图7.3　措施作业气举一体化技术示意图

压裂完成后，返排手段主要分三种情况，一是自喷（地层能量高的井采取放喷的方式）；二是连续油管气举返排；三是邻井气举。让纳若尔油田压裂液由于储层能量严重亏空，油井压裂结束后往往不能自喷，遇到这种情况，又要重新作业压井和下入气举完井管柱，会对地层造成二次伤害和增加作业成本；通过连续油管和氮气气举排液，这种排液方式完全依赖于地面设备，一旦设备被占用，往往会影响其他井的压裂排液；邻井气气举可以实现压裂液快速返排，但是由于井深等因素影响，往往需要较高的地面启动压力，为了降低启动压力需求，需要同时伴注原油，这样就增加了施工成本，同时降低了气举效率。不同排液方式返排速度统计结果见表7.2。

表 7.2　不同排液方式返排速度统计

序号	井号	排液方式	排液时间（d）
1	H8033	自喷排液	3
2	8001	自喷排液	3
3	H8101	自喷排液	4
4	4086	自喷排液	2
5	8031	自喷排液	8
6	235	自喷排液	9
自喷排液方式平均排液时间为 4.83d			
1	3318	连续油管 + 液氮	15
2	2384	连续油管 + 液氮	20
3	740	连续油管 + 液氮	6
连续油管 + 液氮排液方式平均排液时间为 13.67d			
1	3363	邻井气举	7
2	3365	邻井气举	6
3	4024	邻井气举	7
4	4023	邻井气举	6
5	3328	邻井气举	8
6	3325	邻井气举	6
7	3323	邻井气举	9

序号	井号	排液方式	排液时间（d）
8	715	邻井气举	5
9	3319	邻井气举	9
10	3304	邻井气举	5
11	2251	邻井气举	5
12	2117	邻井气举	5
13	716	邻井气举	5
14	2001	邻井气举	6
邻井气举方式平均排液时间为6.36d			

从表 7.2 中明显可以看出三种方式的返排速度顺序为自喷返排速度最快，其次为邻井气举，再次为液氮连续气举。鉴于油田地层压力低，压后自喷井少，因此，气举返排方式是实现压裂液快速返排的首选技术。为进一步降低工艺实施技术成本和气举压力，提高气举效率，从而提高返排率，提高返排速度，减小储层损害为目标，实现低压条件下快速返排的目的，考虑气举生产管柱工艺兼容性强，不占用流动通道，并且举升能力强，产液量大的特点，将措施作业管柱与多级气举阀气举技术结合，配套形成措施作业与气举生产的一趟管柱完井技术。

7.2.2 实施方案

根据油田生产需求，配套开发固定式、可投捞式多级气举阀措施作业管柱两套，管柱整体承压高，通径大，能够实现与合层、分层酸压管柱的配套应用。

（1）固定式措施作业一体化管柱。

多级气举阀固定式管柱具有过流通道大，在 $6\frac{5}{8}$in 套管内可以达到最大 76mm 的内通径，管柱最高承压可达 105MPa，管柱缺点是管柱免修期较短，通常为 3 年，一旦气举阀出现故障，无法通过钢丝作业排除故障，只能通过更换管柱作业排除故障。该管柱尤其适用于改造规模大，施工压力高的油井应用，其结构如图 7.4 所示。

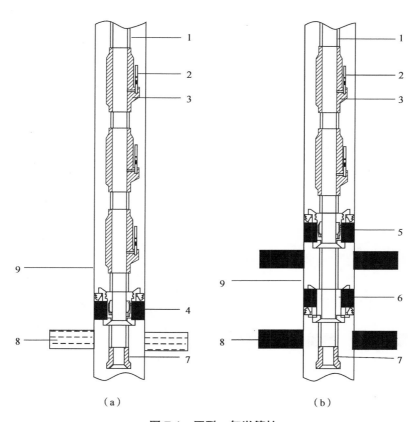

（a）　　　　　　　　　　　　　　（b）

图 7.4　压裂—气举管柱

1—油管；2—固定式气举阀；3—固定式工作筒；4、5、6—封隔器；7—喇叭口；8—油层；9—套管

　　由上至下包括：至少一级带有气举阀的固定式工作筒，用于向油井内注入气体或排出入井流体，同时降低气举注气压力需求；封隔器，用于密封油套环空或分隔储层，实现合层或分层压裂，同时避免高压注入气对储层的压制，加快压裂液返排速度；喇叭口，作为油管的一部分安装于生产管柱底部，方便油井测试。

（2）投捞式措施作业一体化管柱。

投捞式措施作业一体化管柱免修期长，可达 8 年以上，可通过钢丝作业完成故障气举阀的更换工作，无须起出井下管柱，管柱整体承压 70MPa，$6\frac{5}{8}$in 套管内可实现 62mm 的通径尺寸，满足一般酸压作业技术要求。特别适用于低压储层的酸压改造，具备酸压后管柱长期生产的技术特点。该管柱结构如图 7.5 所示。

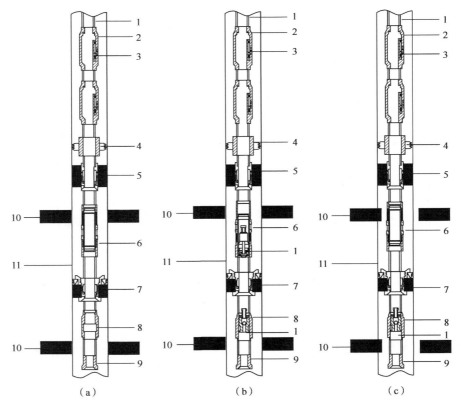

（a）　　　　　　　（b）　　　　　　　（c）

图 7.5　分层酸化—气举管柱

1—油管；2—投捞式气举阀；3—偏心工作筒；4—KSL 水力锚；5、7—封隔器；6—滑套；8—坐放短节；9—喇叭口；10—油层；11—套管

由上至下包括：至少一级带有气举阀的偏心工作筒，用于向油井内

注入气体或排出入井流体，同时降低气举地面注气压力需求，发生气举阀故障可通过钢丝作业更换；KSL 水力锚，锚定于套管，避免封隔器解封和管柱蠕动，提高高压条件下的管柱施工安全性；封隔器，用于密封油套环空、分隔储层；滑套，用于建立或关闭油套环空之间的过流通道，实现合层或分层压裂，同时避免高压注入气对储层的压制，加快压裂液返排速度；坐放短节，为单流阀和堵塞器等流量控制类工具提供载体，实现管柱功能扩展，可实现保护储层和变更气举管柱为闭式管柱，适合长期不动管柱气举生产；喇叭口，作为油管的一部分安装于生产管柱底部，方便油井测试。

7.2.3　技术特点

（1）一体化管柱的技术特点：

①一趟管柱可实现压裂、气举排液及气举完井生产等 3 项功能，简化作业工序，降低作业成本；

②压裂液的返排速度快，平均返排时间 1 天左右；

③气举采油完井与油田主体采油方式一致，充分利用油田现有气源和已铺设的供气管线，配套设备少，工艺简单可靠；

④气举举升能力强，能大幅度降低井底流压，提高返排效果，有助于提高压裂效果；

⑤管柱设计在保留原有措施作业管柱功能的基础上，增加钢丝作业滑套、坐放短节等工具，具备热洗保护储层、井下压力监测、生产管柱类型变更等功能，丰富了管柱功能。

（2）主要技术指标。

固定式、投捞式措施作业一体化工艺管柱主要技术指标见表 7.3。

表 7.3　固定式、投捞式气举管柱主要技术指标

项目	固定式管柱	投捞式管柱
管柱承压（MPa）	105	70
适应套管尺寸（in）	5、$5\frac{1}{2}$、$6\frac{5}{8}$、7、$9\frac{5}{8}$	
适应油管尺寸（in）	$2\frac{3}{8}$、$2\frac{7}{8}$、$3\frac{1}{2}$、$4\frac{1}{2}$	
耐温（℃）	150	150
管柱寿命（年）	3	8
适应环境	H_2S、CO_2 腐蚀环境	

7.3　高压气举工具研制

让纳若尔油田渗透率低、层薄、物性差、地层压力低，属于典型的难动用储层，为实现储层高效开发，油田主要的增产措施为压裂。而由于油层物性差，压裂施工压力高，一般在 55MPa 以上。目前，气举采油配套工具普遍的工作压力仅有 35MPa，难以满足压裂—气举一体化管柱的应用要求，配套开发高压气举工具是实现措施作业气举一体化技术的核心。主要难点体现在：首先，让纳若尔油田开发流体存在强腐蚀性，气举配套工具必须同时满足高压、防腐蚀的性能要求，对气举工具材料选择提出较高要求；其次，目前采用的气举工作筒主要采用焊接结构，整体承压及抗腐蚀能力均弱，结构设计是主要技术难点之一；最后，目前采用的气举阀主要是波纹管式气举阀，配套底部单流阀结构，提高波纹管承压能力和单流阀承压能力也是主要技术难点之一。为此，开展高压工作筒及高压气举阀等核心气举工具的研究工作。

7.3.1　高压偏心工作筒研制

（1）固定式高压工作筒研制。

固定式工作筒结构简单，是措施管柱中常用的气举工具，措施作业

一体化气举工作筒需要同时满足两个要求，一是要有足够的强度，满足承受高压的要求（大于 70MPa），二是要有足够大的过流通道，避免在高压、大排量工作环境下产生节流。在此基础上，开发研制两种固定式工作筒。

①双偏心固定式气举工作筒。

为了满足在高压、腐蚀环境下的可靠应用，从结构设计、加工工艺、材料选型三方面开展工作（工具结构示意图如图 7.6 所示）。

图 7.6　双偏心固定式工作筒示意图

结构设计：双偏心式结构，即筒体自身具有两条轴线：工具连接轴线和偏心过液通道轴线；偏心阀座轴线不变，整套工作筒具有三条轴线。相对该工具自身的连接轴线而言，偏心过液通道和偏心阀座的轴线分布在工具自身轴线的两侧，这样的双偏心结构布局使该工具最大限度利用了径向空间，增大了过液通道的直径。不但保证了工具外径，还增大了工具的壁厚，从而解决了小外径、大通道和高强度之间的矛盾。

加工工艺：采用整体加工工艺，无焊接和其他连接件，工作筒强度和耐压级别提高。

材料选择：为保证大尺寸气举工具承高压、防 CO_2 和 H_2S 的能力，选用 30CrMo 材质低合金钢，其硬度 HRC < 22，镍含量远远小于 1%，同时采用完全淬火 + 回火出来工艺来强化材料抗腐蚀的能力，满足美国国家腐蚀工程师协会（NACE）标准。

产品通过抗拉强度，耐压试验，主要技术指标见表 7.4。

表 7.4　双偏心气举工作筒性能指标

规格型号	KPX–115
总长（mm）	860
最大外径（mm）	115
过流通道尺寸（mm）	68
抗内压强度（MPa）	105
抗拉强度（t）	94
连接螺纹	$3\frac{1}{2}$ in UP TBG
适用套管尺寸（mm）	≥ 121
适应环境	$H_2S \leq 6\%$，$CO_2 \leq 1\%$

注：连接螺纹配型为 TBG。

②整体直孔固定式气举工作筒。

在开发双偏心高压工作筒的基础上，同时开发了耐高压、具有大通道的 KPX–126、KPX–136、KPX–145 整体直孔工作筒，采用防硫材料制造，整体加工无焊接，抗腐蚀性好，承压能力 100MPa，最大过流通道 76mm，满足油井压裂需要。整体直孔高压固定式气举工作筒示意图如图 7.7 所示。主要技术参数见表 7.5。

图 7.7　整体直孔高压气举工作筒示意图

表 7.5　双偏心气举工作筒性能指标

规格型号	KPX–126	KPX–136	KPX–145
总长（mm）	490	690	670
最大外径（mm）	126	136	115
过流通道尺寸（mm）	62	68	76
抗内压强度（MPa）	100	100	100
抗拉强度（t）	65	94	94
连接螺纹	$2\frac{7}{8}$ in UP TBG	$3\frac{1}{2}$ in UP TBG	$3\frac{1}{2}$ in UP TBG
适用套管尺寸（mm）	≥ 144	≥ 144	≥ 157
适应环境	$H_2S \leq 6\%$，$CO_2 \leq 1\%$		

注：连接螺纹配型为 TBG。

（2）投捞式高压工作筒研制。

针对焊缝式气举工作筒在硫化氢环境中焊缝容易造成脆断的难题，优选采用整体锻造工艺对筒体进行处理，从而达到减少上下两道焊缝的目的，也满足了大通径、小外径的尺寸设计要求，满足现场使用要求。这样设计方案的优点是整体抗拉强度高，抗腐蚀能力强，缺点是需要整体锻造，加工难度大、成本高，此外整体锻造气举工作筒的阀袋密封段直径、气举阀投捞距和阀袋偏心距等关键尺寸必须设计成与国内外公司相同的尺寸，才能保证了工具的通用性，对整体锻造的筒体提出了更高的要求。

①结构设计。

考虑到现场套管最小内径及工具通径的要求，将偏心气举工作筒外径设计成椭圆性结构，如图 7.8 所示。这样设计的好处是充分利用了有限的空间，在节约了材料、减轻重量的同时，避免了壁厚不均造成的受力不均匀而形成的应力集中现象，满足了现场使用要求，但同时，这种椭圆结构方案因为无法采用普通切削机械加工来实现，只能选择高温锻造工艺，通过挤压形成两边椭圆结构，鉴于高温锻造工艺的复杂性和难控制性，增加了加工工艺的难度和加工成本。

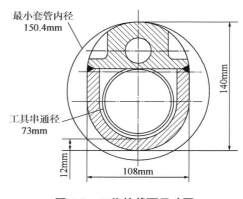

图 7.8　工作筒截面尺寸图

②耐高压强度材料优选。

为保证大尺寸气举工具承高压，提高抗 CO_2 和 H_2S 腐蚀能力，选用 30CrMo 材质低合金钢（化学成分见表 7.6），其硬度 HRC < 22，镍含量远

远小于 1%，同时采用完全淬火 + 回火处理工艺来强化材料抗腐蚀的能力，满足美国国家腐蚀工程师协会（NACE）标准。

表 7.6　30CrMo 合金钢的化学成分表

材质	化学成分含量							
	C	Si	Mn	Mo	Cr	P	S	Ni
30CrMo	0.26~0.34	0.17~0.37	0.4~0.7	0.15~0.25	0.8~1.1	≤ 0.025	≤ 0.025	≤ 0.35

③加工工艺研究。

投捞式气举工作筒纵向剖面结构如图 7.9 所示，包括筒体、阀袋两部分。为了保证气举工作筒即可投捞作业，又满足抗 70MPa 内压要求，重点对以下三方面工艺进行了改进：

a. 设计方法的改进。

可投捞承高压气举工作筒采用整体式设计方法，取消上下接头与筒体之间存在的两条焊缝，增强工作筒抗压能力。

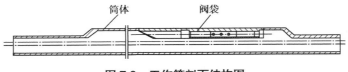

图 7.9　工作筒剖面结构图

b. 机械加工工艺技术的改进。

可投捞式高压气举工作筒筒体采用整体锻造工艺处理，筒体加工方法是在保证一定的主通径尺寸要求下，经过多次高温轧制工艺使上下两段产生缩径，形成了上下两段外径小，中间部分外径大的偏心结构，其偏心部分主要用于安置阀袋，整体抗拉强度高，耐腐蚀流体侵蚀能力强，从而使工作筒的整体承压能力大幅提高。阀袋经机械加工后与工作筒焊接成一体，阀袋的中心轴线与偏心部分中心轴线平行并保持一定的偏心距要求，保证钢丝投捞作业的投入与捞出工作正常。通过以上的加工工艺，筒体可以减少 2 条焊缝，从而消除了常规工作筒上下接头处的两条焊缝，成功地避开了由于受国内焊接水平和检验水平限制而产生的焊接质量问题，这样设计的优点是整体抗拉强度高，耐腐蚀流体侵蚀能力强。

c. 焊接工艺技术的改进。

可投捞承高压气举工作筒对工作筒与阀袋之间的焊缝也做了特殊处理，较常规的焊接工艺，区别在于在进行筒体与阀袋焊接时，严格控制焊缝配合尺寸精度，在恒温、无尘环境下使用专用焊机，采用特殊防硫焊接材料，数字精确控制电流大小、熔点高低，使成型的焊缝布置均匀、变形量小、受力均匀、承压能力高，经探伤检测和室内实验证明，经特殊处理的焊缝其完全可以满足抗 70MPa 的内压和现场防硫化氢腐蚀的要求。

如图 7.10 和图 7.11 所示，对工作筒进行了有限元受力分析，在受力 70MPa 的情况下，焊接式工作筒焊接段等效应力等级为 0.521（整体式应力等级为 0.246）。说明与焊接式工作筒相比，整体式工作筒可以减少在应力分布过于集中于上下接头处的问题。

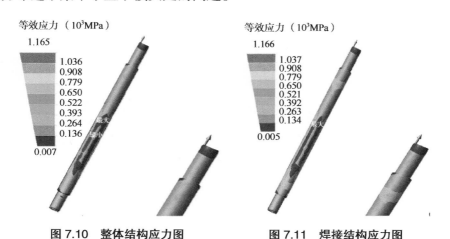

图 7.10　整体结构应力图　　　　图 7.11　焊接结构应力图

④强度校核。

a. 抗拉强度计算。

从气举偏心工作筒的结构尺寸来分析，最小壁厚为 12mm，承受拉力的薄弱点是两端的油管螺纹。根据需要该工作筒可做成 $3\frac{1}{2}$inTBG 油管螺纹扣，或者其他 $3\frac{1}{2}$in 特殊气密封扣（如 VAM–TOP 扣、TP–EX 扣、SEAL–LOCK APEX 扣等）。以 $3\frac{1}{2}$inTBG 油管螺纹为例，进行强度校核。由于该工作筒选用的材料强度近似于 N80 钢级，因此其抗拉强度极限为 N80 油管的 $3\frac{1}{2}$in TBG 油管螺纹抗拉强度，即 F_{max}=704kN。

b. 抗内压强度。

由工作筒的偏心结构设计可知，其抗内压强度的最薄弱点是筒体，由于偏心影响，工作筒筒体的壁厚不均，我们取最薄弱处进行强度计算，并忽略厚壁筒的约束作用，这样的计算结果更趋于保守、安全。

$$p = 2n\sigma_s\frac{\delta}{D} = 2 \times 0.875 \times 562 \times \frac{12}{140} = 84.3\text{MPa}$$

式中　p——强度，MPa；

　　　D——模型外径，mm；

　　　n——表面机加工系数，取 n=0.875；

　　　σ_s——材料的屈服强度，MPa；

　　　δ——两个工作筒最小有效壁厚，δ=12mm。

考虑工具在酸性液体的环境中工作，取安全系数 1.2，则气举偏心工作筒抗内压强度为 70MPa。

通过上述强度设计计算，可以知道气举偏心工作筒的所有强度指标均达到现场要求。

⑤室内性能试验。

a. 抗拉强度地面试验结果及分析：

地面试验中选取的气举偏心工作筒两端螺纹扣型是 $3\frac{1}{2}inTBG$，在多次拉力试验中工具无任何损伤，工具通过抗拉强度试验，该工作筒的抗拉强度试验结果见表 7.7。

表 7.7　工作筒抗拉试验表

序号	1	2	3	4	5
拉力（kN）	300	400	500	600	700
工具状况	良好	良好	良好	良好	良好

b. 抗内压强度地面试验结果及分析：

抗内压试验采用水压试验方式，试验结果见表 7.8。

表 7.8　工作筒抗内压强度试验表

序号	1	2	3	4	5
压力值（MPa）	70	70	70	70	70
工具状况	良好	良好	良好	良好	良好

c. 气举工作筒地面投捞试验结果及分析：

对 10 套试制的整体锻造工作筒样品分别进行了 10 次气举阀投捞试验，试验中气举阀投入捞出成功率 100%，气举阀密封损伤率为 0，试验结果十分理想。

d. 试验结论：

通过室内试验可知，气举工作筒抗拉强度、抗内压强度和投捞测试均达到设计要求，满足内通径 71mm 以上，最大承压达到 70MPa 的要求。

⑥主要技术参数。

高压可投捞气举偏心工作筒主要技术指标见表 7.9。

137

表 7.9　高压可投捞气举工作筒技术参数表

规格型号	总长（mm）	最大外径（mm）	通径（mm）	抗内压强度（MPa）	联结螺纹	适用套管内径（mm）	适应环境
KPX-127	2000	108	60	70	根据客户需求加工	≥ 144	$H_2S ≤ 6\%$ $CO_2 ≤ 1\%$
KPX-140	2066	140	73	70		≥ 150	

7.3.2　高压投捞式气举阀研发

气举阀是实现气举采油、排液的核心工具。目前，常规可投捞气举阀采用的波纹管厚度为 0.3mm，使得气举阀承受外压能力一般在 35MPa 以下，不能满足油气田高压作业条件下的使用要求。

气举阀的核心部件是波纹管，波纹管是一种压力弹性元件，其形状是一个具有波纹的金属薄管，工作时，一般将开口端固定，内壁在受压力或集中力或弯矩的作用后，封闭的自由端将产生轴向伸长、缩短或弯曲。波纹管具有很高的灵敏度和多种使用功能，广泛应用在精密机械与仪器仪表中。

高压气举阀的研制包含气举阀波纹管的改进，特殊高承压结构处理等。

（1）工艺改进。

高压气举阀改进主要包括三部分：波纹管结构改进、本体结构优化、气举阀单流装置改进。

①波纹管结构改进。

采用独特的焊接结构和厚壁波纹管设计，改进后的可投捞式高压气举阀波纹管结构，波纹管厚度由 0.3mm 增加至 0.45mm，还采用特殊焊接结构，增加一个厚度 D 的支撑体，增加波纹管抗压能力；同时，波纹管从单层结构改为双层结构，如图 7.12 所示。

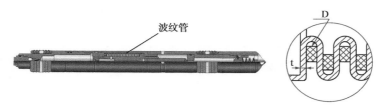

图 7.12　气举阀波纹管改进

②本体结构优化。

通过对气举阀本体结构进行优化，对气举阀尾堵密封重新设计，提高耐压等级，采用铜垫和密封圈双层密封，保证满足耐压要求，如图 7.13 所示。

图 7.13　气举阀尾堵改进

③单流阀总成改进。

对单流阀密封体的结构改良，提高密封等级。改前气举阀单流阀总成密封是由单流阀阀头对单流阀密封体、密封件支撑环的钢体对密封件之间的密封；改后气举阀单流阀总成密封是由单流阀阀头对单流阀密封体之间钢对钢密封，提高了密封等级，如图 7.14 所示。

图 7.14　气举阀单流阀总成改进

（2）强度校核。

波纹管的耐压力 p_n 是指波纹管在保持稳定状态或不产生塑性变形（如波距均匀性不破坏，波纹不歪斜等）条件下，能承受的最大静压力称波纹管的耐压力。波纹管的工作压力 p_g 指在整个工作过程中，承受的最大压力。为了保证波纹管工作时性能稳定可靠和具有较高的使用寿命，工作压力一般取耐压力的 40%~50%，即：

$$p_g = (0.4 \sim 0.5) p_n \qquad (7-1)$$

如果波纹管长度 L 小于或等于 1.5 倍的外径 D 时，波纹管最大耐压力 p_n 可以用下面的经验公式计算：

$$p_n = K_1 K_2 K_3 \frac{\sigma_s h_o}{D} \qquad (7-2a)$$

$$K_2 = d / D \qquad (7-2b)$$

$$K_3 = (a - h_o) / d \qquad (7-2c)$$

式中 　σ_s——材料的屈服强度，MPa；

　　　　K_1——实验修正系数，根据材料牌号查得；

　　　　K_2——壁厚减薄系数；

　　　　K_3——波厚影响系数；

　　　　D——波纹管外径，mm；

　　　　a——波厚，mm；

　　　　h_o——壁厚，mm。

同一波纹管在其他工作条件相同时，受外压比受内压时的稳定性要好，所以，受外压作用时的最大耐压力比受内压时高。

波纹管的破裂压力 p_b 为引起波纹管管壁破裂损坏时的临界压力称破裂压力，它表征了波纹管的最大耐压强度。在工作过程中，波纹管的工作压力远小于此压力。波纹管的破裂压力 p_b 一般可用无力矩理论按下式近似计算：

$$p_b = \frac{2h_w\sigma_b}{D} \qquad\qquad (7\text{-}3)$$

式中　　σ_b——材料的抗拉强度，MPa；

　　　　h_w——波纹管波峰处壁厚，mm。

当波纹长度小于或等于外径时，其计算结果和实际爆破压力很接近；对细长型（$L_o > D$）波纹管其实际爆破压力要低于式（7-3）的计算结果，有时低的很多。爆破压力大约为允许工作压力的 3~10 倍。

对 KFT-25.4-HP 气举阀，按式（7-2a）和式（7-3）分别算得其耐压力 p_n 为 74.6MPa，破裂压力 p_b 为 202.3MPa，满足工作要求。

（3）室内试验。

为验证气举阀耐高压能力，分别开展气举阀探针测距试验和气举阀疲劳性能试验。

①探针测距试验。

波纹管是气举阀的核心部件，它的性能决定气举阀在井下的工作状况。评价气举阀波纹管性能的一个重要参数是波纹管承载率，其数值体现波纹管耐压强度，即波纹管的"刚度"。波纹管承载率指波纹管向上运行单位距离所需的力。气举阀探针测距试验的目的在于确定气举阀的相对"刚度"，并确定阀杆头可达到的最大有效行程。

a. 试验装置：

试验装置如图 7.15 所示。该装置是由一个位置测量仪与气举阀连接组成，这个位置测量仪是一个设

图 7.15　典型气举阀探针测距试验台

计好的精确测量阀杆头行程的微距计探针，而阀杆头行程是施加到整个波纹管的外表面积上压力的函数。该装置采用一个接有导电探针的微距计，连接在阀的底部。导电探针与阀杆头相接触，并且应与阀体电绝缘。探针接在微距计筒上，这样微距计的调整将导致探针的等量调整。装置应能够满足在 ±0.127mm 的误差范围内确定阀杆位置的精度要求。该试验所需压力表用于测压，其精确度在求为测试误差不大于测试值的 ±0.25%。

b. 试验方法：

试验在温度为 15.5℃（60℉）环境下进行，试验首先将气举阀充气或设定到已知的开启压力。将一个稍高于设定压力的试验压力加到波纹管的全部截面上。通过气举阀探针测距仪测量阀杆位移。然后以合适的增量将试验压力增加一个微小数值，再测量阀杆的位置。重复这个试验，过程持续至压力递增时，递增的阀杆位移明显减少时为止，此时阀杆就达到了最大有效行程。这种试验也可以在阀最大有效行程时使压力逐渐降低情况下进行。当阀杆达到其最大有效行程时，此时的斜率急剧增加，对于实际的应用来讲，超过这点的行程，在阀的正常的工作期间是不能达到的。

应用上述试验可得出探针测距试验试验数据的典型曲线。以试验压力作为阀杆移动行程的函数关系描绘在直角坐标纸上。最后拟合的直线的斜率就是阀的波纹管总成的承载率。其计算公式为：

$$\text{Slope（斜率）} = (p_1 - p_2)/\mathrm{d}x \ (\text{kPa/mm}) \tag{7-4}$$

式中　p_1——坐标纸上阀的承载率发现急剧上升的拐点对应的试验压力，kPa；

　　　p_2——阀门刚开启时的压力，kPa；

　　　x——阀杆行程位移，mm。

c. 试验结果：

试验测试曲线如图 7.16。试验气举阀有效行程为 5.774mm，波纹管承载率为 103.548kPa/mm。产品满足气举阀技术要求。

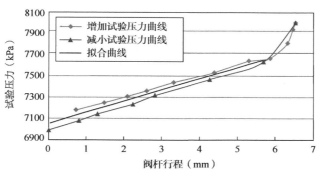

图 7.16　探针测距试验结果

②气举阀疲劳试验。

波纹管疲劳试验台主要由压力罐、提篮、起吊装置、控制仪表、传感器及记录仪等主要部件组成。主要功能是对气举阀的波纹管进行疲劳试验，检验在给定压力的情况下，进行多次试验后波纹管的稳定程度。

该试验台的试验压力高，确保气举阀的波纹管的耐压强度。同时，通过传感器及记录仪，可以对实验过程中的压力、温度实时显示，并可进行实时数据采集和记录，通过对实验数据的分析，为波纹管的改进提供依据。

试验目的：随机抽取检验 5 支 KFT–25.4–HP 型高压气举阀，检验波纹管在高压工作环境下的抗压工作性能。

检验标准：试验前后波纹管外径、长度、充气压力变化量均小于 0.5% 为合格。

a. 试验基础条件。

高压氮气瓶、恒温水浴、高压耐老化装置、高压试压泵、气举阀调试架。

b. 试验步骤。

外观检验：气举阀本体无划痕、波纹管褶皱均匀无变形；

气举阀试充气 400psi，检验阀头阀座密封性能；

记录阀号，放气后拆卸测量气举阀初始长度、平均外径；

重新装配后充气 1350psi，放置恒温水浴后待温度稳定于 15.5℃静置最少 30min 后，调试架调试压力 1200psi；

先后将气举阀在耐老化装置中打压 70MPa、80MPa，每个压力数级打压三次，稳压时间分别为：30min、15min、10min 后校检波纹管内压力，每次老化后在调试架上进行压力校验，校验温度 15.5℃；

记录校检压力数据，与试验后放气波纹管长度与外径，统计并计算得出试验结果与结论。

c. 试验结果：

样品测量数据，在试验前测量波纹管外径、长度。样品测量数据表见表 7.10。

表 7.10　样品测量数据表

阀号	试验前测量数据					试验后测量数据				
	长度（mm）	外径（mm）				长度（mm）	外径（mm）			
		上部	中部	下部	平均		上部	中部	下部	平均
WXDJ-2013-381	70.20	18.90	18.80	18.90	18.87	68.32	18.94	18.98	19.00	18.97
WXDJ-2013-558	69.88	18.32	18.54	18.90	18.59	68.44	19.10	19.02	18.96	19.03
WXDJ-2013-363	70.56	18.92	18.90	18.94	18.92	68.92	19.12	19.04	19.06	19.07
WXDJ-2013-289	69.94	18.86	18.78	18.80	18.81	68.96	19.00	19.00	19.02	19.01
WXDJ-2013-487	69.82	18.86	18.78	18.72	18.79	67.72	19.10	19.00	18.82	18.97

样品压力数据，在试验前各只阀的充气压力和校验压力。

表 7.11　样品压力检验数据表

阀号	充气压力（psi）	调试压力（psi）	校验压力（psi）	
			70MPa	80MPa
WXDJ–2013–381	1350	1200	1238	1260
WXDJ–2013–558	1350	1200	1272	1270
WXDJ–2013–363	1350	1200	1246	1250
WXDJ–2013–289	1350	1200	1296	1294
WXDJ–2013–487	1350	1200	1220	1230

d. 试验数据分析。

样品试验前后波纹管长度变化分析见表 7.12，5 支测试气举阀全部合格。

表 7.12　样品长度变化数据表

阀号	试验前测量数据（mm）	试验后测量数据（mm）	长度变化 ΔL（mm）	长度变化率（%）	是否达标（变化率 < 0.5%）	样品达标率（%）
WXDJ–2013–381	381	70.2	69.72	0.48	是	
WXDJ–2013–558	558	69.88	69.44	0.44	是	
WXDJ–2013–363	363	70.56	70.09	0.47	是	100
WXDJ–2013–289	289	69.94	69.88	0.06	是	
WXDJ–2013–487	487	69.82	69.54	0.28	是	

样品试验前后波纹管外径变化分析见表 7.13，5 支测试气举阀全部合格。

表 7.13　样品外径变化数据表

阀号	试验前测量数据（mm）	试验后测量数据（mm）	长度变化 Δd（mm）	长度变化率（%）	是否达标（变化率 < 0.5%）	样品达标率（%）
WXDJ–2013–381	18.87	18.95	0.08	0.42	是	
WXDJ–2013–558	18.59	18.65	0.06	0.32	是	
WXDJ–2013–363	18.92	19.01	0.09	0.48	是	100
WXDJ–2013–289	18.81	18.89	0.08	0.43	是	
WXDJ–2013–487	18.79	18.82	0.03	0.16	是	

样品试验前后波纹管调试压力变化分析见表7.14，5支测试气举阀全部合格。

表 7.14　70MPa 压力变化数据表

阀号	调试压力（psi）	70MPa 校验压力（psi）	压力变化量（%）	是否达标（变化率＜0.5%）	样品达标率（%）
WXDJ-2013-381	1200	1194	0.5	是	
WXDJ-2013-558	1200	1205	0.42	是	
WXDJ-2013-363	1200	1203	0.25	是	100
WXDJ-2013-289	1200	1201	0.08	是	
WXDJ-2013-487	1200	1198	0.17	是	

e.试验结论。

通过试验数据分析可以看出，试验前后波纹管长度变化量、平均外径变化量、充气压力变化量均未超过 0.5%，从前后数据变化率得到：气举阀波纹管耐高压性能符合达标要求，气举阀波纹管满足 70MPa 工作环境中正常工作的耐高压要求。

7.4　现场应用情况

措施一体化气举技术现场应用超过 500 井次，最高施工压力 82MPa，压裂施工成功率 98%，压裂后气举工况正常，均取得了理想的增产效果。

（1）关停井复产。

针对让纳若尔油田的一批关停井，采用酸压作业—气举一体化技术，使关停井复产，获得高产。由表 7.15 可知，14 口油井措施前平均单井产量 2.6t/d，措施后初期单井产量 23.8t/d，14 口井累计增油 67847t，平均单井增油 4846t，单井平均有效期 967d。

表 7.15 让纳若尔油田关停井酸压 + 气举一体化技术效果

井号	措施前产量 （t/d）	措施后产量 （t/d）	累计增油量 （t）	有效期 （d）
503	0	17	2801	6432
444	2	24	3635	929
556	2	17	2283	266
3606	1	12	4425	916
430	4	15	210	30
480	3	12	3819	911
2101	4	25	9577	792
2110	3	16	8813	800
716	2	10	2878	773
638	1	67	10342	517
432	5	40.5	8712	493
3562	1	37	6231	237
3509K	4	10.8	2003	220
3477	5	31	2118	221
平均	2.6	23.8	4846	967

（2）低产井增产。

低产井增产效果应用见表 7.16，措施前单井平均产量 17.1t/d，措施后初期平均单井产量 42.75t/d，平均单井增油 7597t，单井平均有效期 480d，累计增油 182337t。

表 7.16 让纳若尔油田低产井酸压 + 气举一体化技术效果

井号	措施前产量 （t/d）	措施后产量 （t/d）	累计增油量 （t）	有效期 （d）
2381	27	53	1364	163
3551	17	42	591	109
2387	24	56	12376	1177

井号	措施前产量 （t/d）	措施后产量 （t/d）	累计增油量 （t）	有效期 （d）
2029	8	43	6476	392
2340	28	57	2245	371
3629	24	66	7952	556
4033	27	90	52995	909
2394	28	37	1155	524
2015	21	76	21751	883
2018	11	48	12643	865
2124	12	25	6637	856
5084	9	26	4673	432
2116	8	17	8278	810
3325	13	21	529	232
5064	10	46	10016	552
5051	8	30	3918	488
5077	17	30	10974	500
5071	20	40	516	73
2233	18	24	1524	420
718	10	28	4805	373
4036	21	32	5126	355
3561	17	36	2552	210
3324	10	35	540	91
2449	23	68	7669	179
平均	17.1	42.75	7597	480

（3）新井投产。

在新钻井中，一次性下入措施作业—气举一体化管柱，减少作业次数，降低对地层污染和节省作业费用。技术应用对比邻井，产量明显提高，应用效果见表7.17。

表 7.17　让纳若尔油田新井酸压 + 气举一体化技术效果

井号	措施后初期产量 （t/d）	累计增油量 （t）
5067	50	60190
5068	55	32841
5072	100	4864
5078	129	8579
5064	46	7504
5033	36	4453
5046	65	2892
5053	43	2514
5087	75	9971
5041	50	15507
665	54	7972
5027	58	19934
5073	31	4582
5061A	30	5486
5074	35	3238
5052	35	3494
5079	35	4897
3604	68	9782
5082	44	4155
5062	87	2060
5066	81	2554
5070	27	1884
5054	31	506
666	72	1843
平均	54	8997

第 8 章 注气量优化技术

注气量的优化及调控是进行高效气举管理的重要工作内容之一，是指在不改变气举管柱的基础上，通过调整井口注气量实现气举井高效生产的技术。注气量优化根据所针对目标的不同，主要分为单井优化和系统优化两个方面，单井优化是指通过对单井注气量的优化和调整，实现单井产量最大化、效益最大化或效率最大化；系统优化是指对系统所属气举井进行合理的气量分配，达到气举生产系统整体单井产量最大化、效益最大化或效率最大化。

8.1 注气量优化技术原理

气举井注气量优化主要依据气举特性曲线来进行，气举特性曲线是气举生产的一种协调关系曲线，是气举井产液量随着注气量变化的关系曲线。

特性曲线的建立是通过节点分析方法得出，气举井的节点分析其生产节点选取油层位置。气举井的节点分析方法类似于自喷井分析方法，是由向井流及垂直多相管流两组曲线按照稳定生产点得出的。通过分别计算不同注气量条件下的多相管流曲线，并计算相应的生产协调点，将各生产协调点按照 Q_g—Q_l 的规律相连，即可得到气举特性曲线。具体计算方法如图 8.1 所示。

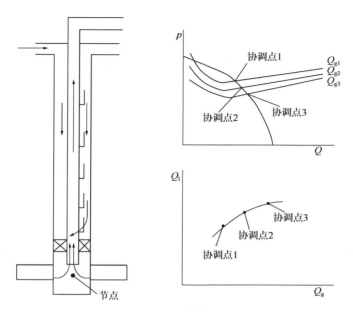

图 8.1　气举特性曲线的建立

　　每一口气举井都对应有一个最佳的注气量，并且同一口气举井随着生产时间、含水、地层压力、气液比等油田开发的变化，其最佳注气量值也随之发生变化。如图 8.2 所示，对于一口气举井，在注气量较小时，增大注气量将大幅度提高油井的产量，但注气量增大到一定程度后，继续增大注气量，油井产量增幅极小，再继续增大注气量，将导致油井气举效率的下降。

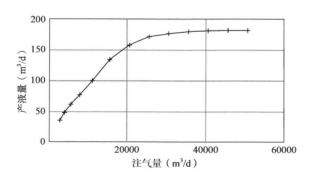

图 8.2　气举井采油特性曲线

151

8.2 单井注气量优化

让纳若尔油田气举井单井注气量优化主要采取了两种优化方法，一是实测气举特性曲线方法，即针对目标气举井，通过改变注气量，计量油井产量、测试油井井底流压，通过实测数据获得该井的实际气举特性曲线，指导气量优化；二是最优压力梯度法，依据合理注气气举井沿井筒流动压力梯度，指导注气量优化工作。

两种方法均能达到单井注气量优化的目的，实测气举特性曲线方法准确率高，技术实施复杂，耗时长，不适应大规模单井注气量优化的技术实施；最优压力梯度法准确率及优化精度要低于实测特性曲线法，但技术能够充分利用油田气举井流温、流压测试资料，优化效率高，适合大规模单井注气量优化实施。

8.2.1 实测特性曲线注气量优化方法

（1）测试程序。

实测特性曲线注气量优化方法实施比较简单，主要的测试程序和要求如下：

①收集目标井生产数据。依据目标井生产特征，确定气量测试工作制度。一般情况下气量工作制度数据范围为 0~20000m³/d，最大注气量不宜超过 30000m³/d，不同注气量工作制度间隔为 3000m³/d 左右，工作制度数量不少于 5 个；

②制定测试程序。为了降低对油井产量的影响，建议测试气量由大到小进行调整，在实测过程中，若出现目标井停产状况，则终止测试任务；

③在进行不同工作制度调整时，时间间隔不少于 3 天，以获得不同注气工作制度条件下的稳定生产状态，提高测试精度；

④对应不同工作制度需要配套计量油井产量，测试目标井井底流压，油井产量计量至少取 3 次产量计量数据，井底流压测试需要在稳定工作状态条件下获得；

⑤绘制目标井实测特性曲线，并通过实测特性曲线分析，进行注气量优化。

（2）现场应用情况。

通过对 32 口气举井的优化配气试验结果分析，气举井生产特性曲线可分为以下四类：①产量随注气量增加先上升后下降型；②产量随注气量增加先上升后稳定型；③注气量变化产量基本不变型；④产量随注气量增加下降型。

①产量随注气量增加先上升后下降型。

这类气举井其生产特征是随着注气量的逐渐增加，气举井产量也随着增加，当注气量达到一定数值后，继续增加注气量，产量反而下降。因此，这类气举井的注气量只有控制在最佳注气量下才能保证气举井的高产和稳定生产。

如 2371 井通过在注气量分别为 $830m^3/h$、$660m^3/h$、$490m^3/h$ 及 $320m^3/h$ 四个工作制度下的优化配气试验，试验结果表明随着注气量的增加，气举井产量呈逐渐上升的趋势，但当气量增加到 $660m^3/h$ 时，油井产量最高，平均产量为 54t/d。在实验中所测的井底流压数据随着气量的增加，呈先降后升的变化趋势，与产量变化趋势相吻合，即在 $660m^3/h$ 工作制度下，井底压力最低。通过以上四个工作制度的改变所得到的气举特性曲线如图 8.3 所示。该特性曲线明确地反映出该井的合理注气量范围为 $500\sim700m^3/h$。

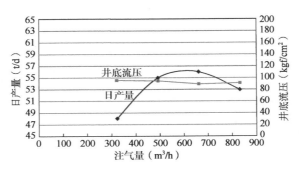

图 8.3　2371 井气举生产特性曲线

②产量随着注气量增加先上升后稳定型。

这类气举井随着注气量的增加，产量先上升后保持稳定，说明该类气举井注气量达到一定值（最佳注气量）后，气举产量对注气量敏感性差，随着注气量的增加气举井的产量不会得到提高，因此，对于此类油井应当以效率优化为主。

3438 井在注气量分别为 170m³/h、320m³/h、490m³/h 及 660m³/h 四个工作制度下进行优化配气试验（图 8.4）。试验结果表明注气量从 170m³/h 增加 320m³/h，气举日产量从 30t/d 提高到 40t/d；之后再增加注气量，气举产量基本在 40t/d 左右稳定不变，生产含水基本不变，生产气液比逐渐升高。该特性曲线明确地反映出该井的合理注气量范围为 300~400m³/h。

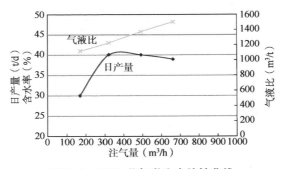

图 8.4　3438 井气举生产特性曲线

③注气量变化产量基本不变型。

这类气举井随着注气量的增加，产量基本保持稳定，说明该类气举井气举产量对注气量极不敏感性，随着注气量的增加气举井的产量不会得到提高，因此，对于此类油井应当以效率优化为主。

2039 井通过在注气量分别为 170m³/h、320m³/h、490m³/h、660m³/h 及 830m³/h 五个工作制度下的优化配气试验，试验结果表明，当注气量由 830m³/h 降低至 320m³/h，气举井产量基本呈逐渐上升的趋势；但进一步降低气量，产量开始下降。在实验中所测的井底流压数据随着气量的降低，基本呈下降趋势，与产量变化趋势基本相吻合。通过以上五个工作制度的改变所得到的气举特性曲线如图 8.5 所示。因此结合该井产量及井底流压综合考虑，建议该井的合理注气量为 320m³/h。

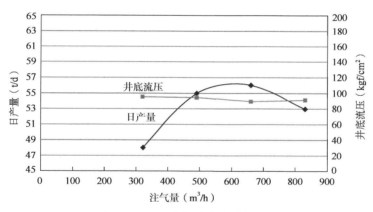

图 8.5 2039 井气举生产特性曲线

④注气量增加产量下降型。

这类气举井随着注气量的增加，产量逐渐下降，说明该类气举井随注气量增加，管流或井口压力损失增加较大，应以较小的注气量保持气举井的稳定和高效生产。

929 井于 2005 年 1 月 1 日转气举生产后，注气量基本为 660m³/h 左右，日产液量基本在 15~25t/d 之间波动，生产含水在 10% 以内，注气压力 35~45kgf/cm²。3 月 9 日开始对该井进行优化配气实验，实验结果随着注气量的增加，气举井产量逐渐下降（图 8.6），该类气举井应以较低的注气量生产。

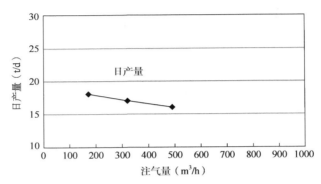

图 8.6　929 井气举特性曲线

32 口气举井的优化配气试验（表 8.1），合计增产液量 97t/d，降低注气量 30720m³/d，取得了理想的优化结果。试验结果分为四类：第一类是提高了油井气举生产产量。这类气举井优化配气前生产产量没有达到最高值，生产制度不合理，12 口井增产液量 82t/d，同时增加注气量 61200m³/d。第二类是在油井气举生产产量不变的情况下降低了注气量。这类气举井优化配气前虽然产量维持在较高的水平，但由于注气量比最佳注气量大，气举井的举升效率低。10 口气举井优化配气前后产量维持不变，注气量降低了 $7.39 \times 10^4 m^3/d$。第三类是油井气举生产产量增加、注气量减少。这类井有 3 口，3 口气举井优化配气后注气量降低 $1.8 \times 10^4 m^3/d$，增产液量 15t/d。第四类是气举井优化配气前已经处于最佳的气举工作制度下生产，即注气量是最合理的注气量，产液量也最高，这类气举井继续维持原来的气举工作制度生产。

表 8.1　优化配气效果分析

分类	井数（口）	液量变化（t/d）	注气量变化（m³/d）
产量增加	12	82	61200
节省注气	10	—	−73920
增产、节气	3	15	−18000
不变	7	—	—
合计	32	97	−30720

8.2.2　最优压力梯度注气量优化方法

（1）基本的理论依据。

随着注气量的从小变大，油井井筒中的流体密度会逐渐降低（图 8.7），当注气量达到一定值后，井筒中的流体密度的降低值将会很小，而摩阻压降则会增大，此时的注气量就是最佳注气量值。在最佳注气量下井筒流压梯度最小，气举井井生产产量最大，气举效率最高。基于此基本理论，建立最优压力梯度注气量优化方法。

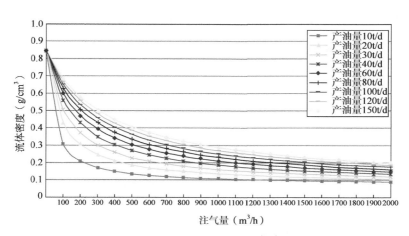

图 8.7　气液混合流体密度与注气量的关系曲线

（2）优化方法的建立。

最佳压力梯度优化方法重点是通过构建混合流体密度、含气率及气液比之间关系，构建最优梯度优化判据。

①混合流体密度与含气率之间的关系。

混合物流体密度的定义为混合流体质量与所占体积之比，公式为：

$$\rho_m = \rho_L \times (1 - \varphi) + \rho_g \times \varphi \qquad (8-1a)$$

$$\rho_L = \rho_o \times (1 - f_w) + \rho_w \times f_w \qquad (8-1b)$$

式中　ρ_m——混合物流体密度，g/cm^3；

　　　ρ_L——液体密度；

　　　f_w——含水率，%；

　　　φ——体积含气率，%。

由于油、气均具有一定的压缩性，因此混合物流体密度受压力影响较大，其中计算的关键是三相流体在不同压力条件下的密度及体积含气率。

如图 8.8 所示，对不同介质，含气率与混合物流体密度呈直线关系，随着饱和油含量的上升，相同含气率条件下，混合物流体密度降低。从分析结果可见，含气率和混合物流体密度具有绝对线性关系，是很好的分析参数。

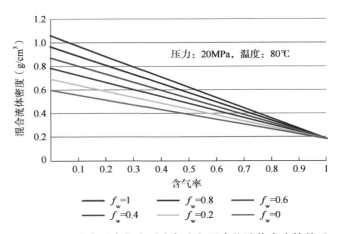

图 8.8　油水混合物介质含气率与混合物流体密度的关系

②含气率与折算气液比之间的关系。

根据气液比的基本定义，气液比是标准状况体积下的产气量与产液量的比值，在气液均匀分布的情况下，气液比就是气液体积比，由此确定折算气液比的计算公式：

$$GLR = \frac{\dfrac{\varphi}{B_g}}{\dfrac{(1-\varphi)f_w}{B_w} + \dfrac{(1-\varphi)(1-f_w)}{B_o}}$$ （8–2a）

$$B_g = \frac{0.0283z(T+460)}{p}$$ （8–2b）

式中　GLR——气液比；

　　　φ——体积含气率，%；

　　　f_w——含水率，%；

　　　B_g——气体体积系数，地层体积 / 井口体积；

　　　p——压力，psi；

　　　T——温度，℉；

　　　B_o——原油体积系数，地层体积 / 井口体积；

　　　z——气体压缩因子；

　　　B_w——水体积系数，考虑水的压缩性较低，取值为 1。

如图 8.9 所示，不同介质条件的含气率—气液比关系曲线，曲线拐点位于含气率 0.8 的位置，当含气率 >0.8，微小的含气率上升，气液比就会迅速增大，而混合流体密度则趋于稳定，而当含气率 <0.8 时，随含气率降低，气液比迅速降低，而混合流体密度也随之迅速增大。根据以上分析，考虑气举主要的作用是通过注入气降低地层产出液密度，从而达到举

159

升井液的目的，气液比是气举的重要指针参数，气举生产区主要位于高效生产区。因此，鉴于含气率—气液比曲线具有良好的同一性，曲线高点均位于含气率 0.8 左右，在确定气举可能达到的混合物流体密度条件设定为含气率为 0.8 时的混合物流体密度为最优气举举升气液比条件。

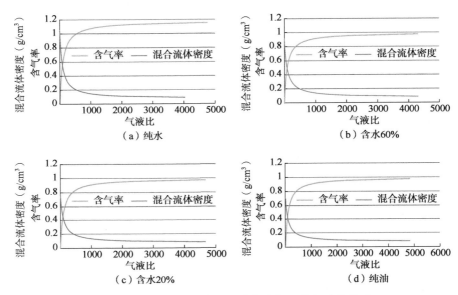

图 8.9　油水混合物条件下含气率与折算气液比关系

③最优压力梯度确定。

根据混合物流体密度计算分析结果，当含气率大于 0.8 时，气液比迅速上升，而含气率 0.8 对应的就是气举最优气液比条件。考虑静态计算无附加压力损失，选择含气率为 0.8 时的混合物流体密度为气举最小举升梯度，为了便于确定该值，选择一个中间参数密度比（混合物流体密度 / 储层流体密度）作为评价参数。其计算步骤如下所述：

a. 给定地层静压 p_γ，确定储层条件下的流体密度 ρ_γ；

b. 确定井底流压 p_{wf}。按照气举生产能力为 $p_{wf}=(0.4\sim0.5)p_\gamma$；

c. 根据 p_{wf}，读取含气率为 0.8 时的混合物流体密度 ρ_{wf}；

d. 计算密度比 $E = \dfrac{\rho_{wf}}{\rho_{\gamma}}$；

e. 选择不同压力条件，分别计算密度比 E，并形成一定的规律，方便后期优化时使用。

表 8.2 为采用饱和油介质条件下的计算结果。如图 8.10 所示，储层压力与密度比 E 呈近似直线关系，相关性良好，因此能够用于现场优化指导。拟合计算公式为：

$$E = 0.0121p + 0.1293 \qquad (8\text{--}3)$$

式中　E——密度比；

　　　p——储层压力，MPa。

表 8.2　饱和油介质下静压与平均密度比 E

地层静压（MPa）	10	20	30	40
井底流压（MPa）	4~5	8~10	12~15	16~20
储层流体密度（g/cm³）	0.6526	0.5539	0.4695	0.4005
混合物流体密度（含气率 =0.8）	0.1695~0.1748	0.1918~0.2038	0.2161~0.2343	0.2402~0.2616
密度比 E	0.2597~0.2678	0.3463~0.3679	0.4602~0.4990	0.5990~0.6532
平均密度比	0.2638	0.3571	0.4796	0.6261

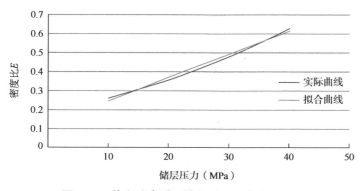

图 8.10　饱和油介质下储层压力与密度比 E 关系

（3）现场应用情况。

根据最优压力梯度法，给出了让纳若尔油田不同含水条件下的最优梯度范围，用于指导现场优化配气工作（表 8.3）。

表 8.3　让纳若尔油田最优压力梯度推荐表

含水率（%）	20	40	60	80
最优压力梯度（MPa/100m）	0.11~0.13	0.14~0.17	0.17~0.21	0.23~0.27

依据最优压力梯度法开展现场单井优化 50 井次，有效井次 39 井次，有效率 78%，累计节约气量 $22 \times 10^4 m^3/d$，验证了最优压力梯度单井注气量优化方法的可行性。典型井 5110 井，该井含水 80%，优化前注气量为 $19920m^3/d$，测试井下压力梯度 0.18MPa/100m（注气点以上），高于最优梯度范围，存在超量注气现象，优化后注气量 $11760m^3/d$，测试井下压力梯度 0.241MPa/100m（注气点以上），油井产液量基本维持稳定，有效提高了气举效率（图 8.11）。

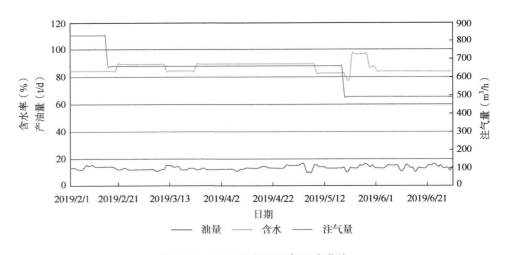

图 8.11　5110 井优化配气生产曲线

8.3 系统注气量优化

8.3.1 技术原理

气体增压站或高压气源井同时向多口油井供气，把这些由同一个增压站或高压气源井供气的油井看成一个系统，由于该系统内油井的生产能力及井特性的差异，在注入相同的气体时，各井的产量可能明显不同。对于一个区块（有 n 口井），将相同的注气量按不同份额分配给各井，其区块获得的产量也有差异。因此，如何将有限的高压气体分配给各单井，以取得最大的产油量，即系统优化配气问题。

系统优化通常是在系统所能提供的气量是有限的，即不能满足每口井都按最大气量生产的情况下而进行的。注气量的不足必定会限制油田的产量，但如果将系统气量按照不同的比例分配给每个单井，系统的总产油量常常是不同的。系统优化就是寻找出最为合适的比例来分配有限的气量，从而最大程度地发挥系统的产量。系统优化利用的是各个单井的特性曲线，即各井的产量和注气量的对应曲线。由于依据油井的特性曲线，我们可以准确地判断出单井的生产能力，因此特性曲线是系统优化的理论基础和优化依据。

系统优化的概念是在单井优化的基础上，综合考虑气量平衡，以系统有限的气量容量为基础，对系统生产井数、总产油量、经济效益等目标进行优化。系统优化与单井优化最根本的区别在于：系统优化不代表系统内所有生产井最优化，而是通过牺牲部分气举井的产量及举升效率，从而在有限气量的条件下，保证系统产油量或系统举升效率最高。从概念而言，单井优化是对单元进行优化，而系统优化则是区块或整体优化的概念，从应用角度而言，系统优化是基于系统可利用的压缩气总量，而单井优化是实现系统优化的手段。

8.3.2　技术路线

依据系统优化的技术原理可知，单井优化是系统优化的基础，因此，开展气举系统优化研究主要分为以下几个步骤：

（1）建立单井模型，通过开展不同气举井的流入流出动态曲线研究，绘制各井的气举特性曲线，从而掌握单井的生产能力。

（2）开展气举系统优化理论研究，在气量一定的约束条件下，通过气量的合理分配，获得区块产量最高，从而将气举系统优化转化为在约束条件下，求最大值的数学问题研究。本项研究的关键是建立系统优化数学模型和相应的数学求解方法的确定。

（3）建立系统优化模型，将单井的优化结果汇集到系统，从而对气举系统进行整体优化，得出现有供气系统下的最佳气举井生产工况参数及最大气举产量。

（4）开发气举系统优化软件，对于大规模气举开采的油田，为了提高工作效率和计算精度，必须借助于先进的优化软件。

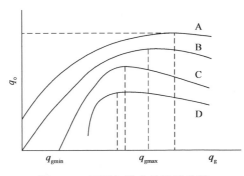

图 8.12　不同气举井的特性曲线

8.3.3　优化方法

（1）单井气举特性曲线。

单井气举特性曲线形状取决于注气量对产油量的响应，典型的气举特性曲线如图 8.12 所示。

曲线 A 属于能自喷的井；曲线 B 属生产能力较强的井，只要一注气就能生产；曲线 C 属需要一定注气量才能启动生产的井；曲线 D 与曲线 C 类似，但是存在一个跳跃。

单井气举特性曲线可以采用节点分析方法计算或者现场测试得到。这样得到的气举特性曲线是一些离散的点，为了通过计算机运用最优化技术向各井分配气量，需将这些离散点通过数值拟合为曲线方程。本研究将气举特性曲线应用最小二乘法拟合为二次多项式，特性曲线数学回归模型如下：

$$q_o = Aq_g^2 + Bq_g + C \qquad (8-4)$$

式中　A，B，C——二次多项式系数；

　　　q_g——单井注气量；

　　　q_o——单井产油量。

因为注气能力有限，往往配气配不到最大值，因此只将低于最大产油量值的气举特性曲线数据拟合，提高计算速度和精度。

（2）区块气举特性曲线。

区块特性曲线定义为区块注气量与区块最大产油量的关系曲线。与单井气举特性曲线相比，一般不存在 C、D 类曲线，如存在也可按本研究处理单井的方式处理，并且只存在上升段。

区块特性曲线（图 8.13）可以通过区块单井优化配气得到，这样得到的特性曲线也是一些离散的点。本文通过大量的计算分析，表明其形状符合二次多项式规律。

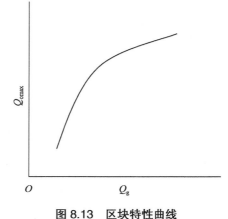

图 8.13　区块特性曲线

（3）区块优化配气模型。

设某区块有 n 口井，构成集合 N，区块总产油量 Q_{oTOT}，单井产油量为 q_{oi}，单井注气量为 q_{gi}，则数学式如下：

$$Q_{oTOT} = \sum_{i=1}^{n} q_{oi} = f(\boldsymbol{q}_g) = f(q_{g1}, q_{g2}, \cdots, q_{gn}) \qquad (8-5)$$

上式中 $\boldsymbol{q}_g$ 表示如下向量：

$$\boldsymbol{q}_g = (q_{g1}, q_{g2}, \cdots, q_{gn})^{\mathrm{T}} \qquad (8-6)$$

区块最大产油量表示为：

$$\mathrm{Max} Q_{oTOT} = \mathrm{Max} f(q_{g1}, q_{g2}, \cdots, q_{gn}) \qquad (8-7a)$$

将式（8-5）代入式（8-7a）得：

$$\mathrm{Max} Q_{oTOT} = \mathrm{Max} \sum_{i=1}^{n} (A_i q_{gi}^2 + B_i q_{gi} + C_i) \qquad (8-7b)$$

由式（8-3），单井最大产油量对应的注气量为：

$$q_{gi\max} = -\frac{B_i}{2A_i} \qquad (8-8)$$

故区块最大产油量对应的总注气量为：

$$Q_{g\max} = \sum_{i=1}^{n} -\frac{B_i}{2A_i} \qquad (8-9)$$

由式（8-9）可得如下结论：

如果系统可获得的最大注气量 Q_{gAT} 大于 $Q_{g\max}$，总注气量不会对系统构成约束；反之则会，总注气量约束为：

$$\sum_{i=1}^{n} q_{gi} = Q_{gAT} \left(Q_{gAT} \leqslant Q_{g\max} \right) \qquad (8-10)$$

对于图 8.12 中 A、B 类特性曲线的井，构成集合 I，其单井约束条件为 $0 \leqslant q_{gi} \leqslant q_{gimax}$。

对于图 8.12 中 C、D 类特性曲线的井，构成集合，其约束条件为 $q_{gimin} \leqslant q_{gi} \leqslant q_{gimax}$ 或 $q_{gi}=0$（$q_{gimin}>0$）。

综上所述，可得到如下以产油量最大化为目标的优化配气模型：

$$
\begin{cases}
\mathrm{Max}Q_{oTOT} = \mathrm{Max}\sum_{i=1}^{n}\left(A_i q_{gi}^2 + B_i q_{gi} + C_i\right) \\
\sum_{i=1}^{n} q_{gi} = Q_{gAT} \\
0 \leqslant q_{gk} \leqslant q_{gkmax} \\
q_{gjmin} \leqslant q_{gj} \leqslant q_{gjmax} \ \text{或} \ q_{gj} = 0
\end{cases}
\tag{8-11}
$$

式中　$k \in I$，$j \in J$，$J \cup I = N$，$J \cap I = \phi$，ϕ 为空集。

（4）油田优化配气模型。

设油田有 m 个区块，区块总采油量 Q_{oT}，总注气量为 Q_{gT}，区块注气量为 Q_{gj}，则按区块配气模型的建立方法可得油田优化配气数学模型如下：

$$
\begin{cases}
\mathrm{Max}Q_{oT} = \mathrm{Max}\sum_{j=1}^{m}\left(A_j Q_{gj}^2 + B_j q_{gj} + C_j\right) \\
\sum_{j=1}^{m} Q_{gj} = Q_{gT} \\
0 \leqslant Q_{gj} \leqslant Q_{gjmax} \qquad (j=1,2,\cdots,m)
\end{cases}
\tag{8-12}
$$

（5）非线性优化方法。

对于带有约束条件的非线性规划问题的数值计算方法，通常有直接法和间接法两种。锯齿法、投影梯度法、复合形法及现代优化技术的遗传算法等属于直接法；惩罚函数法、增广乘子法等属于间接法。惩罚函数法是处理约束条件比较常用的方法，通过在适应值函数上添加一个惩罚项，就将原来的约束问题变成了无约束问题，惩罚函数法简单易行，计算速度也较快。根据迭代点与可行域的关系又分内点法和外点法，本研究采用惩罚函数外点法求解式（8-11）和式（8-12）。

①分解约束。

首先考虑 q_{gj} 不等于零，则约束条件可以改写为如下形式：

$$\begin{cases} \sum_{i=1}^{n} q_{gi} = Q_{gAT} \\ q_{gimax} - q_{gi} \geq 0 \qquad (q_{gimax} > 0, \ q_{gimin} \geq 0) \\ q_{gi} - q_{gimin} \geq 0 \end{cases} \qquad （8-13）$$

考虑 q_{gj} 等于零，即不向 C、D 类特性曲线井配气，令有 k 口井，则约束条件可以改写为如下形式：

$$\begin{cases} \sum_{i=1}^{k} q_{gi} = Q_{gAT} \\ 0 \leq q_{gi} \leq q_{gimax} \qquad (i = 1, 2, \cdots, k) \end{cases} \qquad （8-14）$$

②求解步骤。

a. 给定初始点 q_{0g}，初始惩罚因子 δ，放大序列 c^k，允许误差 ε，令 $k=1$；

b. 以 q_g^{k-1} 为初始点，求解无约束问题：$\max f(q_g) + F_1(q_g, \delta) + F_2(q_g, \delta)$；c. 设其极大点为 q_g^k，上式中 F_1，F_2 为等式约束惩罚项和不等式约束惩罚项；

c. 若 $F_1(q_g^k, \delta) + F_2(q_g^k, \delta) < \varepsilon$，则停，得近似解 q_g^k；否则，令 $\delta^k = c^k \delta$，返回步骤 b 继续计算。

③初始注气量。

采用惩罚函数优化技术需要给定初始注气量 q_{0g}，必须满足所有约束表达式。初始值给定好坏将直接影响迭代次数，甚至迭代收敛与否及收敛速度。通常用如下的方法给定初始值：

采油指数法：按各井采油指数占区块采油指数的份额。

$$q_{gi}^0 = Q_{gAT} \frac{PI_i}{\sum\limits_{i=1}^{n} PI_i} \qquad (8-15)$$

最大产油量法：按各井最大采油量占区块最大采油量的份额。

$$q_{gi}^0 = Q_{gAT} \frac{q_{oimax}}{\sum\limits_{i=1}^{n} q_{oimax}} \qquad (8-16)$$

最大配气量法：按各井最大注气量占区块最大注气量的份额。

$$q_{gi}^0 = Q_{gAT} \frac{q_{gimax}}{\sum\limits_{i=1}^{n} q_{gimax}} \qquad (8-17)$$

由单井气举特性曲线容易得到各口井的最大配气量，各口井的最大配气量之和即为区块最大配气量，再按式（8-17）计算每口井的初始配气量，按此方法得到的初始值与最优值更为接近。

8.3.4 现场应用情况

（1）单井特性验证。

为了提高系统优化的现场符合率，开展单井特性曲线现场验证 149 口井，通过比较拟合产油量与实际产油量的误差，判断单井模型拟合精度。表 8.4 为拟合产油量与实际产油量的误差分布。

表 8.4　单井拟合结果误差分布区间

误差范围	<5%	5%~10%	10%~15%	>15%
井数（口）	77	51	12	9
所占比例（%）	51.68	34.23	8.05	6.04

　　总体上来看，误差在 10% 以下的气举井共有 128 口，占总优化井数的 85.91%；误差大于 10% 的气举井共有 21 口，占总优化井数的 14.09%，其中产量低于 25t/d 有 7 口井，由于这部分气举井产量较低，所以拟合产量与实际产量虽然相差很小，但导致的误差却很大。例如 2101 井，拟合产油量与实际产油量只相差 0.6t/d，而误差却高达 14.91%。另外，此类井的产能均不高，实际上对系统的优化结果影响不大。因此，拟合结果与油井的真实生产数据基本接近，误差较小，单井模型符合程度高，能够满足系统优化的要求。

　　（2）现场应用效果。

　　针对让纳若尔油田对南北区 30 个配气间 159 口井开展了系统优化技术试验，进行注气量优化 137 口井，有效井 113 口井，有效率 82.48%，其中北区实施 89 口井，有效井 74 口井，有效率 83.14%，降低注气量 16.1×10⁴m³/d，增加产量 123t/d，南区实施 48 口井，有效井 39 口，有效率 81.25%，降低注气量 $19.7 \times 10^4 m^3/d$，增加产量 104.5t/d，试验效果见表 8.5。从试验效果来看，系统优化对让纳若尔油田气举生产系统进行了整体优化，提高了系统举升效率，保证了在系统供气量不变的情况下继续扩大气举规模。

表 8.5　系统优化效果表

		井数（口）	14
南区	增加气量气举井	增加气量（10⁴m³/d）	9.5
		增加产量（t/d）	51.1

续表

南区	降低气量气举井	井数（口）	34
		节余气量（$10^4 m^3/d$）	−29.2
		增加产量（t/d）	53.4
	合计	节余气量（$10^4 m^3/d$）	−19.7
		增加产量（t/d）	104.5
北区	增加气量气举井	井数（口）	23
		增加气量（$10^4 m^3/d$）	10.7
		增加产量（t/d）	56
	降低气量气举井	井数（口）	66
		节余气量（$10^4 m^3/d$）	−26.8
		增加产量（t/d）	67
	合计	节余气量（$10^4 m^3/d$）	−16.1
		增加产量（t/d）	123

第9章　工况诊断与气举阀投捞技术

气举采油是一项系统采油工程，需要准确掌握气举井工况，及时排除故障，才能确保气举井安全、稳定、高效生产。

9.1　工况诊断技术

进行气举井工况分析和故障诊断需要完备的基础数据，基础数据主要包括地面及井下数据两类。目前常用的气举故障诊断方法有：连续油压、套压分析法，计算法和流动压力、温度梯度测试法及环空液面测试法等方法。本节主要介绍目前普遍采用的连续油套压分析法，计算法和流动压力、温度梯度测试法三种故障诊断方法。

9.1.1　气举井故障诊断基础数据及配套设备

（1）基础数据。

如前所述，气举采油是一种系统采油方式，进行油井分析和故障诊断需要完备的基础数据，主要包括地面数据和井下数据。

①地面数据。

a.井口油压、套压（最好是连续油套压数据）；

b.油井生产数据，包括油井日产液量、日产油量、日产气量、含水率；

c.注气温度及井口出液温度；

d.注气量；

e.地面设备工作状况。

②井下数据。

a.气举完井管柱数据；

b.气举设计数据；

c.井下流动压力、温度测试数据；

d.井底流压、地层压力。

（2）配套设备。

①连续油套压记录仪器；

②井下压力、温度测试仪器；

③气体流量计；

④油气水分离计量系统；

⑤地面温度测量设备；

⑥气举分析软件。

9.1.2　故障诊断方法

（1）连续油压、套压分析法。

地面油压、套压是气举井生产的重要参数。油压和套压波动、过高、过低均能反应油井生产状况的变化情况，是一种快速、简单的油井故障诊断方法。优点是要求设备简单，诊断费用低，诊断速度快，缺点是仅能进行定性判断。如图 9.1 所示为气举投产过程的连续油压和套压监测曲线，从图中可见，气举井地面套压随气举阀注气深度转移而逐级降落，至工作阀注气后，套压稳定；井口油压在投产初期存在一个较大的波动，其主要原因是当环空气体注入油管后，油管内的压井液大量产出，造成井口油压迅速攀升，随着井筒内压井液逐渐排出，地层正常供液，油井生产渐趋稳定，直至工作阀注气工作后，油井生产井口油压达到稳定值。

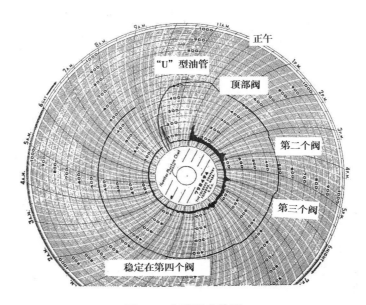

图 9.1　气举投产检测

目前，该方法在气举井生产管理中得到广泛应用。下面列举了油压、套压异常的常见故障、原因及排除方法（表 9.1）。

表 9.1　油压、套压异常的常见故障、原因及排除方法

地面油压、套压常见故障	原因	排除方法
套压异常高基本无注气	全部气举阀堵塞或损坏	投捞更换气举阀
	井口注气阀门处于关闭状态或损坏	检查井口注气阀门，确保畅通
	井下油管堵死	热洗、酸洗解除油管堵塞
	出油阀门关闭或损坏	检查出油阀门，确保畅通
	气举阀打开压力过高	投捞更换井下气举阀

续表

地面油压、套压常见故障	原因	排除方法
套压上升	注气量过大	降低注气量至合理范围
	注气点上移	投捞故障气举阀 增大注气量，帮助油井卸荷 降低井口油压，帮助油井卸荷重新设计气举管柱使符合油井实际生产状况
套压下降	油井正常卸荷	无故障
	注气量过小	增加注气量至合理范围
	气量调节阀水合物冻堵	注甲醇解堵
	注气管线漏	放空管线，修复漏点
油压/回压上升	井口油嘴尺寸过小	调整油嘴尺寸至合理尺寸
	出油管线结蜡	热洗地面管线清蜡
	原油乳化或含砂	破乳 增加注气量
套压过低 （低于工作阀关闭压力）	封隔器不密封	更换井下封隔器
	油管漏	更换井下管柱
	气举阀不密封	投捞更换井下气举阀
	滑套密封失效	更换井下钢丝作业滑套
油压、套压有规律的波动	注气量不合理，造成油井间歇出液	调整注气量 井下气举阀阀孔与地面供气量不匹配，更换合适阀孔尺寸的气举阀

（2）计算法。

计算法是利用地面生产数据对油井井下气举工况进行分析，其依据的生产数据包括井口油套压、产油量、含水率、注气量、产气量等参数和气举阀调试压力、完井数据、井下温度场及多相垂直管流，通过计算、分析井下气举阀的工作情况、注气量，来判断卸荷是否到设计的气举工作阀、哪一级卸荷阀关闭不严漏气、油管漏失位置等问题。

计算法工况诊断依据以下假设：假设温度场不发生变化。由于气举阀工作参数是对温度较敏感的参数，因此要进行计算法工况诊断，得到准确的温度梯度对计算结果的可信度最为重要，取试油条件下的油藏温度及温度梯度进行计算，并认为在气举生产时，温度场不变；气举阀过流特性符合孔板过流特性，以便于进行过气量的计算。

①计算步骤。

a. 根据温度场和温度梯度，计算各级气举阀深度处的井下温度。

b. 计算井下阀的打开及关闭压力，根据图9.2对不同类型的气举阀井下打开和关闭状态进行判断。图9.2的左侧表示的是套压阀的三种工作状态，当注气压力高于其打开压力，气举阀打开；当注气压力小于其关闭压力，气举阀关闭；当注气压力介于阀打开和关闭压力之间时，阀可能是打开的，也可能处于关闭状态，需视现场情况而定；图9.2的右侧为油压阀特性，与套压阀一样具有三种工作状态。

c. 根据注入气密度计算井下注入压力工作线，此线的计算依据以试验数据为准。

d. 选取适应本油田的多相管流相关式进行多相垂直管流模拟，需要的生产数据包括：井口油压、产液量、产油量、含水率、注气量、产气量、地层气油比等参数，这是技术的一个重点。不同油田应按本油田实测数据进行拟合优选。

e. 计算各级阀过气量，判断工作阀及井下工作状态。

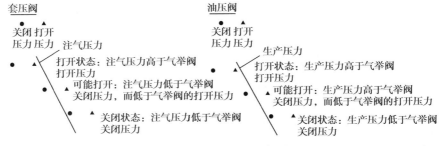

图9.2　计算法判断原理图

②应用实例。

2017 井为让纳若尔油田南区一口气举生产井,油井布阀七级,地面注气压力 6.8MPa,井口油压 1.4MPa。其计算法分析图版见图 9.3。

故障诊断结果为:该井六、七两级阀注气,各级阀分别注气为 9857m³/d、9007m³/d,油井总注气量为 18864m³/d。现场实测该井实际注气量为 16670m³/d,实测流梯显示七级阀注气。分析认为由于七级阀注气量小,未能形成明显拐点,造成测试法判断有误。建议投捞更换六、七级气举阀,阀孔尺寸由 2.8mm 增加至 3.2mm,调试压力分别为 946psi、903psi。

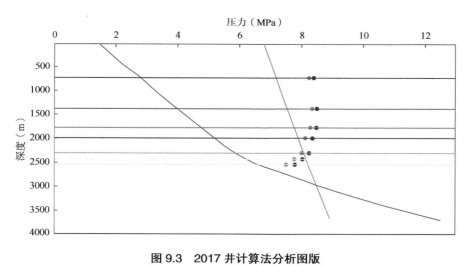

图 9.3　2017 井计算法分析图版

—— 计算流涕　　—— 计算套压　　● 阀井下开启压力　　● 阀井下关闭压力　　—— 一级阀
—— 二级阀　　—— 三级阀　　—— 四级阀　　—— 五级阀　　—— 六级阀
—— 七级阀

(3)流动压力、温度梯度测试法。

流动压力、温度测试法的基本判据有两条:一是在注气点上下,因流体气液比差,造成流动压力梯度曲线在注气点处有明显拐点,通过压力梯度拐点位置可以正确判断井下注气点位置；二是气体通过气举阀进入油管，因油管套管存在一定压差，油管内压力低于环空注气压力，造成气体膨胀降温，流温梯度曲线在注气点处存在明显的温度降低，由此可判断井下注气点位置。

井下流动压力、温度梯度测试方法：

①在保持油井稳定生产状态条件下进行测试。

②压力计、温度计一同下入井底，其中测温仪器连接在工具串底部。

③工具串应连接足够的加重杆，避免测试工具串上顶。

④合理的井下压力、温度测试位置：井口→井口至顶部气举阀之间（测试 2~3 个点）→气举阀上部 50m、20m（各测试 1 个点）→气举阀下部 30m、60m（各测试 1 个点）→两级气举阀之间（每隔 50m 测试 1 个点）→封隔器上下 20m（各测试 1 个点）→封隔器至油层中深之间（测试 2~3 个点）→油层中深。

⑤测试停留时间：每个测试点停留 3min；每个测试点停留 5min。

⑥为保证测试数据的使用价值，在录取流压数据同时，录取油井产液量、含水率、产气量、注气量、井口温度、井口油压、井口套压、油管尺寸等数据。

按照测试深度将流动压力、温度测试结果绘制成图，根据分析基本判据进行油井工况判断，分析油井实际井下注气点位置。

流动压力、温度梯度测试法是目前气举故障诊断最常用的技术手段。通过这些测试数据可以分析、判断气举井注气点的位置、气举阀的工作状况、管柱中是否存在多点注气、油管漏失、注气量是否合理等，图 9.4 为几种常见的气举故障井流压梯度曲线。

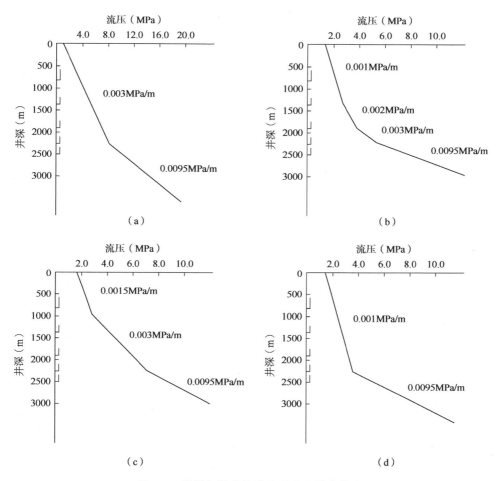

图9.4 常见气举井故障实测流压梯度曲线

由图9.4（a）可知，在2300m第四级气举阀处，流压梯度曲线有一拐点，拐点上部平均流压梯度为0.003MPa/m，拐点下部平均流压梯度为0.0095MPa/m，分析表明该井工作正常，第四级气举阀为工作阀，工作点位置在2300m。

图9.4（b）分别在第二级阀1400m处、第三级阀1900m处、第四级阀2300m处出现三个拐点，每段流压梯度向上依次降低，此种情况为典型

179

的多点注气现象，多点注气使气举井注气量增加，举升效率下降。造成多点注气的原因有：气举阀设计不合理、注气压力高或气举阀有故障。处理方法：若由于设计不合理和阀故障原因引起，应重新设计和更换气举阀；若由于注气压力高原因引起，应调整注气压力。

图 9.4（c）中，分别在第四级气举阀 2300m 和 1000m 处出现两个注气点，而 1000m 处不是气举阀的位置，据此可判断在 1000m 处油管有漏失，需更换管柱。

图 9.4（d）第四级气举阀以上的流压梯度明显小于正常值，说明该气举井注气量偏大，需要降低气量。

对井筒压力波动较大的气举井，用测流压的方法很难测出满意的流压曲线，特别是一些产量较低的连续气举井，由于气液两相重力分离的结果，造成油井的间歇出液，测出的流压曲线往往反映不了油井的真实工作状况，这时可采用测井下流动温度的方法，井下流动温度不受井筒压力波动的影响，它通过气体在油管中的膨胀冷却效应，反映出井筒中注气点的位置，但对于高产井，由于气体膨胀冷却效应下降，测试效果不明显。

一般情况下，流动温度的测试和流动压力的测试是同时进行的，通过对两条曲线的综合分析，可以对气举井的工作状况得出较准确的判断。

（4）常见井下故障及排除方法。

气举井常见井下故障主要分为设计故障、气举阀故障、油管故障、封隔器故障等几类，排除手段主要是更换井下管柱和钢丝作业。具体情况见表 9.2。

表 9.2　气举井常见井下故障及排除方法

常见故障	油井表现	原因分析	排除方法
卸荷不到位	井口套压高于设计工作压力,流梯流温测试显示注气点未达到设计工作阀,不能充分发挥油井生产能力	(1) 布阀间距过大; (2) 气举阀堵塞; (3) 气举阀设计压力过高; (4) 含水上升,井液密度增大	(1) 重新设计,更换管柱; (2) 钢丝作业投捞,更换井下气举阀
多点注气	流梯流温测试显示多个气举阀注气,耗气量增加,举升效率下降	(1) 气举阀密封失效; (2) 注气量过大; (3) 气举阀设计不合理	(1) 降低注气量; (2) 钢丝作业,投捞更换井下气举阀; (3) 重新设计,更换井下管柱
管脚注气	地面套压低于工作阀关闭压力,流梯流温测试显示注气点位于管脚,易造成地面设备冻堵	封隔器失效	更换井下封隔器
油管漏失	地面套压低于工作阀关闭压力,流梯流温测试显示油管某处存在注气点	油管穿孔或断裂	更换井下管柱
气举阀刺漏	地面套压低于工作阀关闭压力,流梯流温测试显示气举阀进气	气举阀密封失效	钢丝作业,投捞更换井下气举阀
注气量过大	地面套压上升,流梯流温测试显示注气点以上压力梯度远低于正常值	(1) 注气量设计不合理; (2) 油井低产	(1) 降低注气量至合理值; (2) 更换小尺寸油管或进行间歇气举
注气量过小	地面套压下降,油井产量下降,流梯流温测试显示注气点以上压力梯度增大	(1) 注气量设计不合理; (2) 冻堵	(1) 增大注气量至合理值; (2) 加热、注甲醇或乙二醇解除水化物冻堵
油管结蜡	地面套压上升,油井产量下降	清防蜡措施不配套	油管清蜡
出油管线结蜡、油井出砂、原油乳化	出油管线回压上升,油井产量下降	管线流动阻力上升	(1) 地面管线清蜡; (2) 增大注气量; (3) 破乳
间歇生产	油套压周期性波动,油井产量波动	气液滑脱严重	(1) 调整注气量; (2) 井下使用恒流量注气阀; (3) 更换为闭市生产管柱
井底积液	油井产量下降、流压上升,流梯流温测试显示注气点以下压力梯度为纯油或纯水梯度	(1) 气液滑脱严重; (2) 含水上升; (3) 油井产气能力下降; (4) 无法达到有效的举升高度	(1) 降低井口油压,提高油井生产能力; (2) 加深注气深度; (3) 连续油管排积液

9.2　气举阀投捞技术

当气举井的产量变化，需要的注气量与气举阀阀孔尺寸不匹配，或者井下气举阀出现关不严、打不开等故障时，利用钢丝投捞作业更换气举阀是调节产能、排除气举井下故障的一种便捷有效方式。在采用可投捞气举阀及工作筒的油井中，这项技术减少了油井上修作业，避免了作业对油井的伤害，具有作业便捷、占产时间短、成本低廉的技术优势。

可投捞式气举阀及工作筒是众多气举完井工具中的一种，因其可通过钢丝作业进行气举阀的回收，故命名为可投捞式气举阀，与其他气举工具不同的是，可投捞式气举阀安装在偏心工作筒的内部阀袋中，依靠一个可解除的锁领固定在阀袋内。

9.2.1　气举阀投捞配套工具

气举阀投捞主要使用的配套工具主要包括地面投捞设备及井下投捞工具串两类。

图 9.5　地面投捞设备

（1）地面投捞设备。

地面投捞设备（图 9.5）主要包括：投捞绞车、吊车、防喷器、防喷管、防喷管井口接头、手动液压密封盒拔干等。

技术要求：

①最大提升负荷：2000lbf（1 磅 = 0.45359kg）；

②测速范围（线速度）：60~10000m/h；

③适用钢丝直径：2.4~3.2mm；

④钢丝总长：4000~6000m；

⑤钢丝工作负荷：2000lb；

⑥钢丝抗拉强度：1900N/mm^2；

⑦绞车滚筒要有整齐盘绕钢丝的相应机构：可手动可自动；

⑧绞车滚筒驱动方式：电液驱动（有过载保护）；

⑨滚筒液压驱动压力范围：0~10000psi（1MPa=145psi）；

⑩深度计：要求数码显示，可以清零，精确度0.1m；

⑪指重表：精确度1lb，并配有合适的传感系统；

⑫防喷管：投捞车标配，长度2.5m/根，四根，承压能力35MPa；

⑬钢丝投捞地面放喷装置整体承压要求35MPa。

（2）井下投捞工具串。

气举阀井下投捞工具串的顺序为：绳帽、加重杆、震击器、活动肘节、造斜工具、投放工具及要投放的气举阀或气举阀捞出工具。主要配套工具及功能主要包括：

①阀投入工具，与造斜器直接连接，用于投放气举阀的专用工具；

②阀捞出工具，与造斜器直接连接，用于捞出气举阀的专用工具；

③造斜器为气举偏心工作筒专用造斜工具，有枪式、袋式两种，常规使用袋式造斜器；

④震击器，在钢丝作业中投捞车产生的作用力通过震击器产生冲击力，提供向上或向下的震击力，有链式、筒式、液压、弹簧四种，其中链式、筒式提供双向震击力；

⑤活动肘节，增加工具串柔度，使工具串能顺利通过油管，可根据实际情况在工具串中安装多个；

⑥加重杆，工具串加重，可依据实际选用高密度材料加重杆；

⑦绳帽，连接作业钢丝。

9.2.2　气举阀投捞过程

气举阀钢丝作业投捞过程分为定向、造斜、投入、脱手四个部分。如图9.6所示，以气举阀投入过程对其操作步骤进行简单介绍。

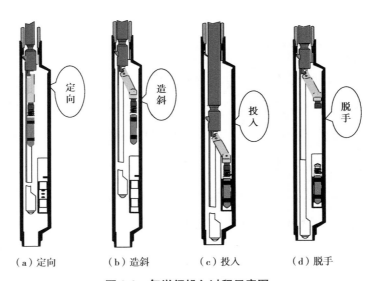

（a）定向　　　（b）造斜　　　（c）投入　　　（d）脱手

图9.6　气举阀投入过程示意图

如图9.6（a）所示，工具串下至工作筒位置，上提工具串，造斜器导向块进入工作筒导向槽，推动造斜器转动，使造斜器正对阀袋；

如图9.6（b）所示，继续上提工具串，工作筒定位台肩对造斜器导向块施加轴向力，造斜器转壁伸出，使气举阀与工作筒阀袋处于垂直对正位置，完成造斜；

如图9.6（c）所示，下放工具串，将气举阀投入偏心工作筒阀袋，并向下震击，完成气举阀的锁定；

如图 9.6（d）所示，向上震击工具串，剪断投入工具及造斜器释放剪钉，完成气举阀脱手及工具串回收。

气举阀捞出过程与投入过程类似，也分为定向、造斜、打捞及回收四个步骤，在此不再详述。

9.2.3　现场应用情况

目前，气举阀投捞技术已成为让纳若尔油田主要的气举井故障排除手段，累计应用达到 2960 阀次，投捞成功率 98%，有效改善了油井工况，提高了油井产量。

（1）典型井 2444 井应用情况。

投捞前，油井井口套压仅 4.2MPa，注气量 7680m³/d，井口无产量，测试井底流压 15.8MPa。流梯测试（图 9.7）显示第二级阀处流温测试显示温降明显，流压测试显示拐点位于第二、第三级气举阀之间。测试解释结果：第二级气举阀漏失，井筒液面位于第二、第三级气举阀之间，注气点位于液面以上，导致气举井无产量，决定投捞更换第二级故障气举阀。

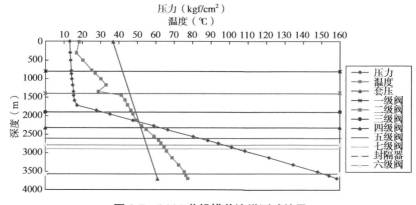

图 9.7　2444 井投捞前流梯测试结果

投捞后，油井井口套压 7.0MPa，注气量 7680m³/d，日产液量 21t/d，测试井底流压 10.8MPa。流梯测试（图 9.8）显示第七级气举阀处流压、流温存在明显拐点。测试解释结果：第七级气举阀注气，工况正常。

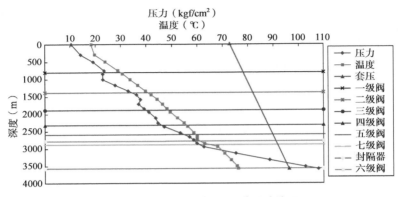

图 9.8　2444 井投捞前流梯测试结果

（2）典型井 3365 井应用情况。

该井投捞前，注气量 1600m³/d，产液量 32t/d，产油量 6t/d，2020 年 3 月 14 日产液量突降至 14t/d，3 月 16 日产量降为 0，通过通井发现第三级气举阀处遇阻，打铅模发现第三级阀阀头弯曲变形，导致生产通道受阻，该井计划检修更换管柱，3 月 19 日通过钢丝投捞作业成功将第三级气举阀投捞进行更换，恢复生产，产液量恢复至 32t/d，产油量恢复至 6t/d，延长管柱免修期。

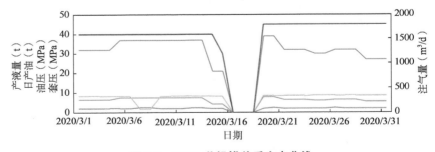

图 9.9　3365 井投捞前后生产曲线

—— 日产液　—— 日产油　—— 油压
—— 套压　—— 注气量

第 10 章　气举技术发展方向

经过 20 余年开发，油井低产低压、高含水、数据采集与远程控制难度大等问题日益突出，针对如何提升油田气举井的举升效率和管理效率，特探索发展间歇气举、喷射气举、泡沫辅助气举及智慧气举等技术。

10.1　间歇气举技术

让纳若尔油田随着多年开发，油田整体地层压力保持程度低，虽采取了注水补充地层能量，但仍然呈现地层压力逐年下降的趋势。根据现场压力监测，KT–I 层系地层压力保持程度为 56%~84%，KT–II 层系地层压力保持程度仅为 44%~58%，均处于合理地层压力保持程度界限以下。让纳若尔油田地层压力保持程度如图 10.1、图 10.2 所示。

随着油田地层压力降低和注水工作的推进，油井产量降低，含水上升，截至 2014 年油田气举井产量低于 10m³/d 的油井已达到 125 口井，占生产气举井总数的 31.8%（表 10.1）；含水大于 50% 的油井已达到 99 口井，占生产气举井总数的 25.1%（表 10.2），由此导致连续气举举升效率降低，注入气液比大于 1000m³/m³ 的低效气举井达到 146 口井，占生产气举井总数的 37.2%（表 10.3），低压低产气举井生产效率成为油田面临的严峻问题。

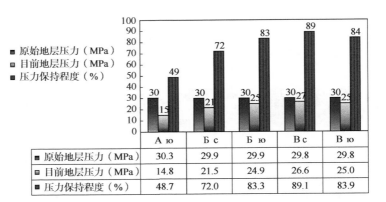

图 10.1　让纳若尔油田 KT-Ⅰ层系地层压力保持程度（2023.6）

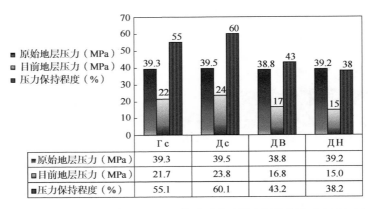

图 10.2　让纳若尔油田 KT-Ⅱ层系地层压力保持程度（2023.6）

表 10.1　气举井产量分级统计表

产量（m³/d）	<10	10~20	20~30	30~50	>50	合计
井数（口）	125	111	63	63	31	393
占比（%）	31.81	28.24	16.03	16.03	7.89	100.00

表 10.2　气举井含水分级统计

含水率（%）	<2	2~20	20~50	50~90	>90	合计
井数（口）	115	117	62	78	21	393
占比（%）	29.26	29.77	15.78	19.85	5.34	100.00

表 10.3　气举井注入气液比分级统计

注入气液比（m³/m³）	<500	500~1000	1000~2000	>2000	合计
井数（口）	88	159	93	53	393
占比（%）	22.39	40.46	23.66	13.49	100

低产井滑脱损失大，是造成连续气举效率低下的根本原因，如图 10.3 所示，当油井产液量低于 15m³/d 以后，其滑脱损失均呈现大幅上升的趋势。连续气举通常采用增加注气量来降低滑脱损失，如图 10.4 所示，为有效降低滑脱损失，注入气液比需要达到 1500m³/m³ 以上，从而导致气举效率大幅降低，开采成本上升。

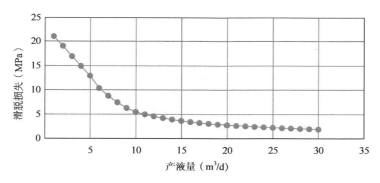

图 10.3　产液量—滑脱损失关系

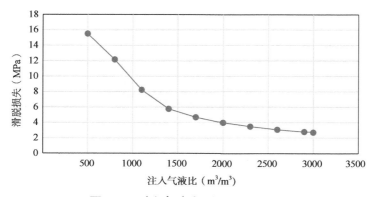

图 10.4　注入气液比—滑脱损失关系

与连续气举相比，间歇气举液体以段塞形式产出，滑脱损失小，举升能量损失小，此外，可以充分利用气体膨胀能量，气体能量利用率高。因此，在低压、低产条件下，间歇气举可以达到更低的井底流压、更小的注气量需求，从而降低注入气液比，提高举升效率。

10.1.1 间歇气举技术界限

间歇气举能够达到比连续气举更低的井底流压，由此可确定间歇气举技术界限。如图 10.5 所示，随着含水率的上升，举升井液滑脱损失增加，间歇气举适应的油井产量范围增加。不同含水条件下让纳若尔油田 KT–Ⅰ 层系、KT–Ⅱ 层系间歇气举适应界限见表 10.4，从表中可见，两套层系间歇气举适应界限变化不大。

表 10.4　间歇气举适应界限

含水率（%）	20	40	60	80
KT–Ⅰ产量界限（m³/d）	12	13	14	15
KT–Ⅱ产量界限（m³/d）	12	13	14.5	16

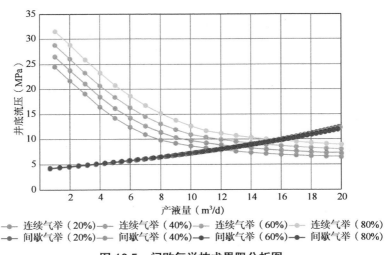

图 10.5　间歇气举技术界限分析图

10.1.2　常规间歇气举

常规间歇气举是周期性向油管注入高压气体，利用气体的快速注入和膨胀，形成气柱段塞，推动井下液段采出井口的一种采油方式（图 10.6）。常规间歇气举注入气体的频率取决于液体段塞进入油管所需的

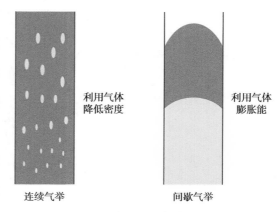

图 10.6　常规间歇气举原理图

时间，注入气体时间的长短依赖于液体段塞被输送至地面所需的时间。

（1）技术特点。

①适用于低产井；

②运动部件少，工作寿命长，运行费用低；

③适应环境能力强，不受砂、气、井斜及恶劣的地表环境等因素的影响；

④自动控制间歇注气时间，操作简单，易实现自动化管理；

⑤在油井投产、调试和管理上比连续气举复杂，由于间歇注气易引起注气系统压力波动，冬季生产易发生水合物冻堵，也可能影响系统内其他气举井的生产。

（2）配套工具。

常规间歇气举的配套工具与连续气举基本相同，只是地面装置增加了气动薄膜阀和时间控制器。如图 10.7 所示，常规间歇气举的配套工具主要由井口装置、时间控制器、气动薄膜阀、井下管柱等部分组成。气动薄膜阀是常规间歇气举中控制注入气的开关，与时间控制器配套使用。在时间控制器上设定间歇注气的周期，高压气经减压阀和过滤器变为低压后进入

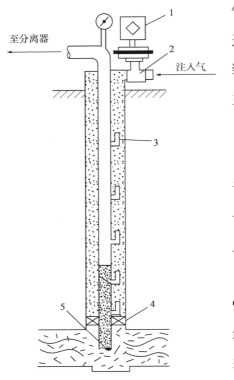

图 10.7　间歇气举管柱图
1—时间控制器；2—气动薄膜阀；3—气举阀；
4—封隔器；5—单流阀

气动薄膜阀，控制气动薄膜阀开或关，达到间歇注气的目的。常规间歇气举装置的井下管柱一般采用闭式管柱，主要由气举阀、封隔器和单流阀组成。

10.1.3　柱塞气举

柱塞气举是间歇气举的一种，相较于常规间歇气举，在气液之间增加了一个柱塞，利用柱塞减小液相的滑脱损失，从而提高油气井举升效率（图 10.8）。

让纳若尔油田现有油井 555 口，90% 采用 ϕ89mm 油管 +ϕ73mm 油管组合的方式进行完井，常规单一外径柱塞不适用；常规柱塞卡定器需要与油管接箍或专用工作筒配合卡定，对气密封油管不适应，且下入后调整柱塞位置要修井作业，因此开展了 $3\frac{1}{2}$in+$2\frac{7}{8}$in 组合式柱塞研发及井口工具配套。

（1）组合柱塞设计原理。

组合柱塞运行分为上行和下行两个过程。

在上行过程中：上行时液段聚集在小柱塞上，小柱塞在套管气的作用下上行，将液段向上举升，与此同时，大柱塞在大小柱塞中间气柱的作用下上行，将大柱塞上部液段向上举升；当小柱塞上部液段运行至油管变径处时，该部分液段通过上坐落器中心通道，在上坐落器单流限制下被留在大油管内，小柱塞则停留在小柱塞上坐落器下，大柱塞将液段举升至井口（图 10.9）。

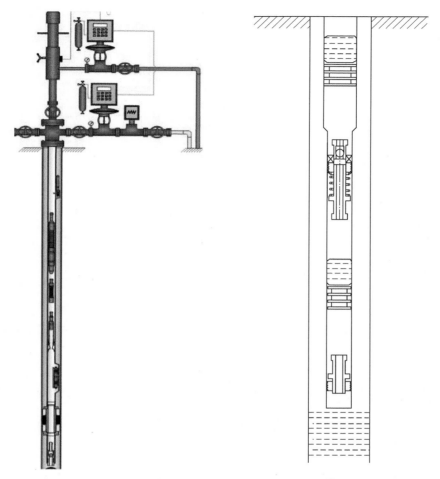

图 10.8　柱塞气举示意图　　　　图 10.9　组合柱塞上行示意图

下行过程：关井后，大、小柱塞下部失去作用力，在重力的作用下各自下行。当大柱塞下行至油管变径处时，大柱塞停止下行。小柱塞则继续在小油管内下行至下坐落器，完成一个循环过程。组合柱塞井口示意图如图 10.10 所示。

$3\frac{1}{2}$in 柱塞留在变径短节上部，$2\frac{7}{8}$in 下行至井下坐落器，等待开井上行，如图 10.11 所示。

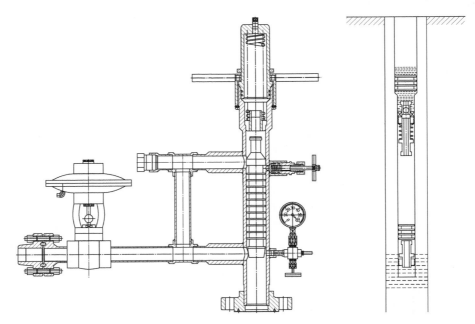

图 10.10　组合柱塞井口示意图　　　　图 10.11　组合柱塞下行示意图

（2）井下工具设计。

井下管柱为 $3\frac{1}{2}$in+$2\frac{7}{8}$in 组合管柱，其工具规格见表 10.5，示意图如图 10.12 所示，设计为两段柱塞交替运行，将井底积液举升至地面。

表 10.5　组合柱塞井下工具汇总

油管规格	外径（mm）	壁厚（mm）	内径（mm）	下入工具	外径（mm）	作用
$3\frac{1}{2}$in	88.9	6.45	76	$3\frac{1}{2}$in 柱塞	72	举升上部液体
$2\frac{7}{8}$in	73	7.01	58.98	$2\frac{7}{8}$in 上坐落器	54.5	分级接力运行，防止液体滑落
				$2\frac{7}{8}$in 柱塞	56.5	举升井底液体至油管变径接头处
				$2\frac{7}{8}$in 下坐落器	54.5	柱塞运行最低位置限定

①柱塞本体。

具有自缓冲功能柱塞，上部为 $3\frac{1}{2}$in 柱塞本体、下部为 $2\frac{7}{8}$in 柱塞本体（图 10.13）。

自带缓冲柱塞特点：上柱塞下部设计缓冲弹簧结构，下柱塞上下均有缓冲弹簧结构，柱塞上行、下落至限位位置后，能够有效缓冲柱塞与坐落器及油管变径接头撞击力，保证柱塞长期运行。

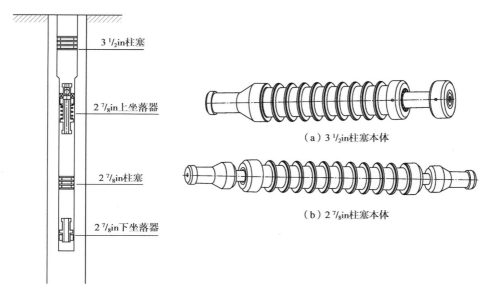

图 10.12　组合柱塞井下管柱　　　　图 10.13　组合柱塞示意图

②上坐落器。

上坐落器包含单流阀、密封胶筒和油管座封（图 10.14）。卡定方式为向下震击卡定，可在无台阶或凹槽油管接箍处卡定；单流阀、密封胶筒可保证液体不回落到上部坐落器以下。

图 10.14　2 $\frac{7}{8}$in 上坐落器

③下坐落器。

下坐落器（图 10.15）采用 2 $\frac{7}{8}$in 卡瓦结构，满足气密封结构油管座封。

195

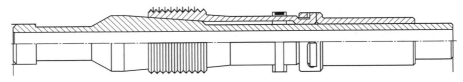

图 10.15　2$\frac{7}{8}$in 下坐落器

（3）井口配套工具研制。

柱塞气举配套工具见表 10.6。

表 10.6　柱塞气举配套工具

设备名称	设备功能
防喷管	（1）具有为检查柱塞而设置的腔室和柱塞捕捉器； （2）含有弹簧加载可拆卸帽盖及防止柱塞冲击的缓冲器； （3）具有可选择的双向或单向的流体导出口
捕捉器	可捕捉各种类型柱塞
到达传感器	检测柱塞到达并将柱塞到达信号传递到控制器
智能控制器	（1）设置定时开关井或压力循环程序； （2）接收到达传感器传送柱塞到达地面的信号
电动球阀	执行机构，实现生产管线的通断状态转换
两相流量计	根据气液两相压力的不同实现计量柱塞井的气量及液量
压力变送器	实时测量压力数据并传输
一体化收发装置	（1）为柱塞系统供电源； （2）接收智能控制器及压力表信号； （3）通过 3G/4G 网络发送至一体化控制柜
一体化控制柜	（1）服务器功能； （2）接收一体化收发装置数据并发送数据； （3）软件服务

10.1.4　现场应用情况

（1）常规间歇气举现场应用情况。

与连续气举相比，常规间歇气举在让纳若尔油田试验 3 口井，单井平均日节气 30% 以上、日增产 60%，累计增油 1500t 以上（表 10.7）。

表 10.7　连续气举与常规间歇气举效果对比

井号	连续气举		常规间歇气举		对比	
	注气量 （m³/d）	产液量 （t/d）	注气量 （m³/d）	产液量 （t/d）	注气量 （m³/d）	产液量 （t/d）
925	5680	4	3328	7	−2352	3
5084	7680	2	4471	6	−3209	4
676	7680	4	5532	6	−2148	2

（2）柱塞气举现场应用情况。

让纳若尔油田 5033 井为一口低产连续气举井，日产液仅 1t，注入气液比高达 5808m³/t，是一口典型的低产低效气举井，为提高该井气举生产效率和产量，分别开展常规间歇气举及柱塞气举试验（表 10.8）。初期采用不加柱塞的常规间歇气举生产，增油幅度 100%，节气幅度 33%，取得了较好的增效增产目的；在常规间歇气举基础上，通过安装井下柱塞，转柱塞气举生产，增油幅度 200%，节气幅度 27%，与连续气举相比，增产幅度和气举效率进一步上升，同时相比常规间歇气举，柱塞气举也有明显的增产效果。由此可见，通过安装井下柱塞可进一步降低油井滑脱损失，提高气举效率，适用于让纳若尔油田低产低效井的应用。

表 10.8　组合式柱塞现场应用

井号	5033		
生产方式	注气量（m³/d）	产液量（t/d）	注入气液比（m³/t）
连续气举	4080	1	5808
间歇气举	2720	2	2560
柱塞气举	2980	3	1936
对比	日增油（t）	增液幅度（%）	日节气（m³）	节气幅度（%）
间歇—连续	1	100	1360	33.33
柱塞—连续	2	200	1100	26.96

10.2　喷射气举技术

喷射气举采油工艺技术是一种新型的采油工艺技术，它结合了传统气举采油和射流泵的优点，是一种高效节能的气举采油新工艺。传统连续气举采油所能降低的井底流压是有限的，低液量下如果注入气液比大于极限气液比，摩阻压降上升幅度高于静液柱势能差减少幅度，从而造成流动压力梯度增加，井底流压随之上升。喷射气举采油工艺技术是在油井最下面的气举阀部位安装一个气液型射流泵或在其上部的适当位置再装一个或几个气液型射流泵，它利用气举采油用的注入气作为动力源，经过射流泵的高速射流，产生的负压对井液进行抽吸，从而有效地降低了井底流压。同时注入气与地层流体在喷射泵内充分混合，达到相同的速度，有效地降低了举升流体在井筒内的滑脱，从而使得喷射气举采油工艺具有更高的采收效率，进一步增大了油气藏的开采程度。

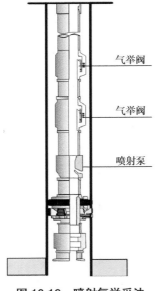

图 10.16　喷射气举采油
管柱结构示意图

气举阀

气举阀

喷射泵

10.2.1　工艺技术

（1）技术原理及管柱结构。

喷射气举采油技术以气体喷射泵替代常规气举工作阀进行注气生产，在地面连续不断地把经过压缩机增压的高压天然气注入油井的油套环形空间，气体通过多级卸荷气举阀进入油管，卸荷气举阀依次关闭后，最终气体由喷射泵进入油管，喷射气举采油工艺管柱结构如图 10.16 所示。

注入气从喷射泵喷嘴处高速喷射后，在吸入室中形成低压区并引射地层流体，二者在喉管中充分混合，达到扩散管后，由于截面积增大，混合流体速度下降，压力逐渐增加，将动能转化为压力能，从而增大生产压差，降低了井筒内液体密度，有效地降低了井底流压，从而达到举升液体采油的目的，喷射泵增压结构示意图如图 10.17。

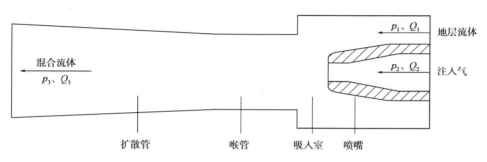

图 10.17 喷射泵增压结构示意图

喷射气举采油和气举采油其工作原理是基本相同的，但喷射气举采油不是注入气与井液的简单混合，它发挥了喷射泵采油的优势，主要体现在：第一，由于喷射泵的抽汲作用，可以形成更低的井底压力，生产压差更大；第二，由于射流作用在混合室中形成一种湍流，使注入气和井液混合的更充分，从而减少气液间的滑脱损失；第三，由于气液流压力方向一致，混合时能量损失小，使注入气的能量利用更充分，减少耗气量，提高气举效率；第四，由于液相速度的加快和旋转，液体析出的蜡晶不易附着到油管上，气体通过喷嘴产生超音速流动，在超声波的作用下，可起到延缓结蜡作用。

（2）喷射泵增产机理。

对于同一口油井，假设其产量相同，注气量相同，气举阀和喷射泵深度相同，对于连续气举井：

$$p_{wf1} = p + \rho g h \qquad (10-1)$$

对喷射气举：

$$p_{wf2} = p' + \rho g h \qquad (10-2)$$

则：

$$p_{wf2} - p_{wf1} = p' - p \qquad (10-3)$$

定义喷射泵出口压力与入口压力之比为：

$$\gamma_{io} = \frac{p}{p'} \qquad (10-4)$$

则井底流压降低值为：

$$\Delta p = p_{wf2} - p_{wf1} = \left(\frac{1}{\gamma_{io}} - 1\right)p \qquad (10-5)$$

式中　p_{wf1}——连续气举时井底流压，MPa；

p_{wf2}——喷射气举时井底流压，MPa；

p——气举阀处油压，MPa；

p'——喷射泵入口处压力，MPa；

Δp——井底流压降，MPa；

γ_{io}——喷射泵出口压力与入

　　　口压力比。

由式（10-5）可得出，喷射泵抽汲能力主要与喷射泵出口压力与入口压力的压力比相关，图 10.18 为喷射气举对比连续气举流压梯度线。

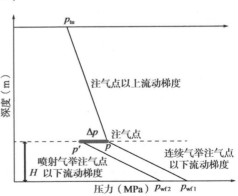

图 10.18　喷射气举和连续气举对比示意图

p_{tu}—井口油压

10.2.2 喷射泵数学模型

（1）喷嘴直径。

我们假设动力流体是一种理想气体，井内流体是一种不可压缩的流体，由气举布阀设计得到的注气量和地面工作注气压力根据前面气柱压力计算方法，可得喷嘴上游压力。又由节点分析得到的吸入压力 p_i，由此可以近似计算喷嘴出口压力 p_o，因此根据喷嘴能量方程可以计算出喷嘴直径推导模型：

由

$$p_o \ln(p_i / p_o) = (1 + K_{nz})Z \qquad (10\text{--}6)$$

得到

$$Z = \frac{p_o \ln(p_i / p_o)}{1 + K_{nz}} \qquad (10\text{--}7)$$

又 $Z = \rho_{1o} v_{1o}^2 / (2g_c)$，式中，$v_{1o} = \dfrac{Q_{1o}}{86400 A_n}$，代入上式得：

$$Z = \rho_{1o} \left(\frac{Q_{1o}}{86400 A_n} \right)^2 / (2g_c) \qquad (10\text{--}8)$$

由式（10–7）和式（10–8）得到：

$$\rho_{1o} \left(\frac{Q_{1o}}{86400 A_n} \right)^2 / (2g_c) = \frac{p_o \ln(p_i / p_o)}{1 + K_{nz}} \qquad (10\text{--}9)$$

由式（10–9）得到的喷嘴面积为：

$$A_n = \frac{Q_{1o}}{86400} \sqrt{\frac{(1 + K_{nz})\rho_{1o}}{2g_c p_o \ln(p_t / p_o)}} \qquad (10\text{--}10)$$

得出喷嘴直径：

$$d = 2\sqrt{A_n / \pi} \qquad (10\text{--}11)$$

式中 K_{nz}——喷嘴摩阻损失；

Z——喷射速度水压，MPa；

ρ_{1o}——动力液在喷嘴出口 / 喉管入口处的密度，kg/m^3；

v_{1o}——动力液在喷嘴出口 / 喉管入口处的速度，m/s；

g_c——1000，s/m；

Q_{1o}——在喷嘴出口 / 喉管入口处的流量，m^3/d；

A_n——喷嘴面积，m^2；

p_t——喉道出口压力，MPa；

d——喷嘴直径，m。

（2）喉管直径。

吸入流体是通过喷嘴和喉管之间的环形面积进入喉管的，环形面积越小，吸入流体的速度越高，喉管入口处的压力越低。当吸入压力降到流体蒸气压时，流体中会出现小气泡，气泡进入喉管的高压区就会冷凝和破碎（注入气从喉管中心与液体混合，向喉道径向延伸。只要泵设计合理气体刚好在出口到达喉壁，与液体完全混合，可以不考虑注入气对管壁产生冲蚀），会对泵产生冲蚀，这种现象称为气蚀。

气蚀对进入喉管的吸入流体还起节流作用，当气蚀发生时，即使增加注气量，也不会使产量提高。对一定的产量和吸入压力，存在一个刚好能避免气蚀的环形面积，这个面积称为最小气蚀面积。

泵的最小气蚀面积：

$$A_{sc} = q_s \left[\frac{(\gamma_w / p_s)^{0.5}}{3.13} + \frac{R_{qwr}}{157 p_s} \right] \tag{10-12}$$

式中 q_s——吸入流量，m^3/d；

   γ_w——地层水相对密度；

   p_s——吸入压力，MPa；

   A_{sc}——最小气蚀面积，m^2；

   R_{gwr}——总气液比。

结合式（10–10）和式（10–12），得出泵的喉道面积：

$$A_t = A_n + A_{sc} \tag{10–13}$$

计算出泵的喉道直径：

$$d_t = 2\sqrt{A_t / \pi} \tag{10–14}$$

式中 A_t——泵的喉道面积，m^2；

   d_t——泵的喉道直径，m。

（3）扩散管直径的确定。

射流泵的扩散管能量方程：

$$\int_t^d \frac{\mathrm{dp}}{\rho_3} + \int_t^d v_3 \mathrm{d}v_3 + \int_t^d \mathrm{d}\varepsilon_{dt} = 0 \tag{10–15}$$

由 $\rho_3 = \rho_1(1 + F_\rho F_{qo}) / (1 + F_q) \tag{10–16}$

$$v_{3d} = q_{3d} / A_d = F_{Ad} F_{An}(1 + F_{qd})v_{1o} \tag{10–17}$$

得到：

$$p_d - p_t = Z \frac{1 + F_\rho F_{qo}}{F_{qo}} \left[F_{An}^2 \left(\frac{p_o}{p_t}\right)^2 (1 + F_{qt})^2 - F_{Ad}^2 F_{An}^2 \left(\frac{p_o}{p_d}\right)^2 (1 + F_{qd})^2 - \right.$$
$$\left. K_{dt} F_{An}^2 \frac{p_o}{p_t} F_{qo}\left(1 + F_{qt}\right) \right] - \frac{p_o}{F_{qo}} \ln\left(\frac{p_d}{p_t}\right) \tag{10–18}$$

上式是关于 F_{Ad}^2 的隐式方程，通过迭代可以计算出 F_{Ad}，

而扩散管面积：

$$A_d = A_t / F_{Ad} \qquad (10\text{--}19)$$

扩散管直径：
$$d_d = 2\sqrt{\frac{A_d}{\pi}} \qquad (10\text{--}20)$$

式中　ρ_3——混合液密度，kg/m³；

ρ_1——动力液密度，kg/m³；

v_{3d}——混合液在扩散管处的速度，m/s；

q_{3d}——扩散管处的混合液流量，m³/d；

A_d——扩散管通道的面积，m²；

v_{1o}——动力液在喷嘴出口 / 喉管入口处的速度，m/s；

p_d——扩散管处的压力，MPa；

K_{dt}——扩散管的摩阻损失；

ε_{dt}——喉道出口到扩散管的相对能量损失，N·m/kg；

A_d——扩散管面积，m²；

d_d——扩散管直径，m；

K_{en}——喉道入口摩阻损失；

F_{Ad}——喉道 / 扩散管面积比；

F_{An}——喷嘴 / 喉道面积比；

F_q——体积流量比，q_2/q_1；

F_{qo}，F_{qt}——体积流量比；$F_{qo}=q_{2o}/q_{1o}$，$F_{qt}=q_{2t}/q_{1t}$；

F_{ρ}——密度比，ρ_{2o}/ρ_{1o}；

γ_{io}——压力比，p_i/p_o。

（4）喷射气举工艺的适用范围。

喷射气举主要适用于以下类型的井中：

①油井的产量不小于 30t/d；

②油井低含砂；

③生产稳定不需要频繁测试的油井；

④气举井生产潜能较大且气举无法进一步放大生产压差，通过喷射泵增压可放大生产压差；

⑤气举井产液量较低，井筒内滑脱损失较大，需要维持较高的产气量或者井底流压较大，限制了油井产能的发挥，通过喷射泵改善流态，降低滑脱损失，可以达到降低注气量提高气举效率或者增大产量的目的。

10.2.3 配套工具

喷射气举工艺管柱配套工具主要包括工作筒、喷射泵、投入工具以及捞出工具。

（1）工作筒

工作筒用来安装、密封和固定喷射泵，相当于一个特殊的油管短节，通过上下接头连接于完井管柱上，油套环空注入气体通过单流阀进入喷射泵，由工作筒本体、单流阀阀体、单流阀弹簧、单流阀阀头、单流阀阀座、单流阀密封圈及单流阀底座组成，其结构示意图如图 10.19 所示。

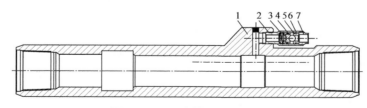

图 10.19　工作筒结构示意图

1—工作筒本体；2—单流阀阀体；3—单流阀弹簧；4—单流阀阀头；5—单流阀阀座；6—单流阀密封圈；7—单流阀底座

工作筒的工具特点为：结构简单，使用寿命长；具有单流阀，可防止油管液体进入油套环空。

工作筒 KPX（B）–126A 的性能参数见表 10.9。

表 10.9　KPX（B）–126A 工作筒性能参数表

规格型号	总长		最大外径		内径		通径		抗内压强度		抗拉强度		连接螺纹	适用套管内径	
	mm	in	mm	in	mm	in	mm	in	MPa	psi	kN	lbf		mm	in
KPX（B）–126A	645	25.39	126	4.96	56	2.20	56	2.20	35	5075	637.65	143471.3	$2^7/_8$ in EUE	≥ 144	≥ 5.669

（2）喷射泵。

喷射泵是综合了气举采油工艺和射流泵采油工艺的优点而开发的一种新型高效、节能井下工具，主要由打捞头、锁定块、喉管、盘根、喷嘴、中间体及下接头等组成。打捞头用于喷射泵的投入和打捞，锁定机构与工作筒中的锁定槽配合，可将泵总成牢固地锁定在工作筒中，盘根用于密封工作筒与喷射泵的环形空间，保证注入气体完全从喷嘴处通过。喉管中的吸入室、混合室、扩散室则用于气液的充分混合与增压，实现放大井底压差、提高举升效率的目的，其结构示意图如图 10.20。

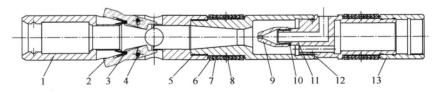

图 10.20　喷射泵结构示意图

1—打捞头；2—锁定块；3—双扭簧；4—钢销；5—喉管；6—压环；7—盘根；8—隔环；9—喷嘴；10—铜垫；11—中间体；12—O 形圈；13—下接头

喷射泵的工具特点为：喷射泵没有运动部件，结构相对比较简单，使用寿命长；可进行钢丝投捞作业。当井下喷射泵不能满足油井条件时，无须动管柱，只需要通过钢丝投捞作业来更换不同要求的喷射泵；投捞可靠。喷射泵在井下安装位置与油管同心，因而，比普通偏心可投捞式气举阀成功率要高；喷嘴直径系列化。可根据不同的设计要求，更换不同尺寸的喷嘴；配有单流阀总成，停止注气后可防止液体倒流，避免了油井重启需要重新长时间排液，影响油井生产效率。

喷射泵 BPS（L）–57A 性能参数见表 10.10。

表 10.10　BPS（L）–57A 喷射泵性能参数表

规格型号	总长		最大外径		内径		通径		抗内压强度		抗拉强度	
	mm	in	mm	in	mm	in	mm	in	MPa	psi	kN	lbf
BPS（L）–57A	520	20.47	57	2.24	—	—	—	—	35	5075	637.65	143471.3

（3）投入工具。

投入工具是投入喷射泵等井下工具的专用工具，主要由投入工具头和投入工具杆组成，其结构示意图如图 10.21 所示。投入工具头连接在钢丝投入工具串的下端，投入工具杆插入到喷射泵内，将双扭簧回收，通过销钉将投入工具与喷射泵相对固定，下到井内设定位置后，向下振击剪断销钉，起出投入工具，扭簧失去工具杆的支撑作用，靠自身弹力向外张开，从而实现喷射泵与工作筒之间的支撑与固定。

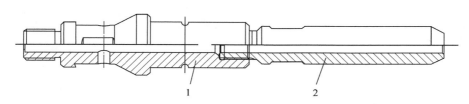

图 10.21　喷射泵投入工具结构示意图

1—投入工具头；2—投入工具杆

投入工具的工具特点为：该工具是钢丝作业时的常用投入工具；结构简单可靠，对于投入内径为 35mm 的井下工具，投入方便。

投入工具 GTR（N）–47A 主要参数见表 10.11。

表 10.11　GTR（N）–47A 工作筒性能参数表

规格型号	总长		最大外径		自身打捞颈		连接螺纹
	mm	in	mm	in	mm	in	
GTR（N）–47A	281	11.06	47	1.85	35	1.37	15/16–10UN

（4）打捞工具。

打捞工具是打捞喷射泵等井下工具的专用工具，主要由上接头、中间体、上套筒、弹簧、下套筒、下接头、打捞爪及探头等组成，其结构示意图如图 10.22 所示。其上端连接在钢丝打捞工具串的下端，下端插入喷射泵后通过探头将喷射泵双扭簧回收，然后通过打捞爪从内通道抓住喷射泵，然后向上振击即可将喷射泵捞出。

打捞工具的工具特点为：该工具是钢丝作业时的常用打捞工具，对于打捞颈为 35mm 的井下工具或落鱼打捞可靠；如果打捞作业时遇卡可应急脱手，只要向下震击，打捞工具自动放开井下工具。

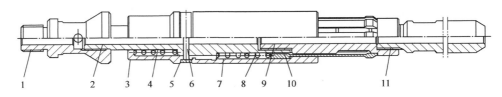

图 10.22　喷射泵打捞工具结构示意图

1—上接头；2—中间体；3—上套筒；4—强弹簧；5—护环；6—剪销；7—下套筒；8—弱弹簧；9—下接头；10—打捞爪；11—探头

打捞工具 GDL（N）–47A 主要参数见表 10.12。

表 10.12　GDL（N）–47A 工作筒性能参数表

规格型号	总长		最大外径		自身打捞颈		连接螺纹
	mm	in	mm	in	mm	in	
GDL（N）–47A	488	19.21	47	1.85	35	1.37	15/16–10UN

10.2.4　现场应用情况

以 2077 井为例，具体介绍喷射气举技术的现场应用情况。

（1）基本井况。

2077 井钻完井及地层基本情况见表 10.13。

表 10.13　2077 基本井况表

投产日期	1990/07/31	原油相对密度	0.836
井底（m）	3740	气相对密度	0.713
人工井底（m）	3707	地层水相对密度	1.018
射孔层位	Д B	矿化度（g/L）	79.2
射孔井段（m）	3574~3643	黏度（mPa·s）	6.65
地层静压（MPa）	22	渗透率（$10^{-3}\mu m^2$）	13.1
地层温度（℃）	78	孔隙度（%）	12
压井液梯度（kPa/100m）	10.6		

（2）作业井史。

2077 井 2001 年 6 月 20 日转气举生产，2005 年 4 月 14 日酸化，2009 年 4 月 25 日换井下气举管柱，气举完井管柱数据见表 10.14。

表 10.14　2077 转喷射气举前完井数据表

一级阀（m）	二级阀（m）	三级阀（m）	四级阀（m）	五级阀（m）	六级阀（m）	七级阀（m）	封隔器（m）	管脚（m）
764	1309	1775	2206	2563	2859	3047	3520	3552

（3）设计结果。

结合地质生产数据与历史作业情况，开展了气举阀及喷射泵管柱设计，设计结果见表 10.15。

表 10.15　气举阀及喷射泵设计结果

气举阀级数	一	二	三	四	五	六	七
深度（m）	830	1362	1824	2216	2538	2790	2974
气举阀型号	KFT–25.4	KFT–25.4	KFT–25.4	KFT–25.4	KFT–25.4	KFT–25.4	BPS（L）–57A
工作筒型号	KPX–127	KPX–127	KPX–127	KPX–127	KPX–127	KPX–127	KPX（B）–126A
阀孔尺寸（mm）	3.2	3.2	3.2	3.2	3.2	3.2	3.2
调试压力（psi）	1224	1197	1167	1134	1098	1058	—
工作套压（MPa）	8.5	8.16	7.78	7.4	7.15	6.8	—

通过计算，模拟该井生产数据设计结果见表 10.16。

表 10.16　生产数据设计结果

日产液量（t/d）	35	日注气量（m³/d）	20000
日产油量（t/d）	12	井底流压（kgf/cm²）	88

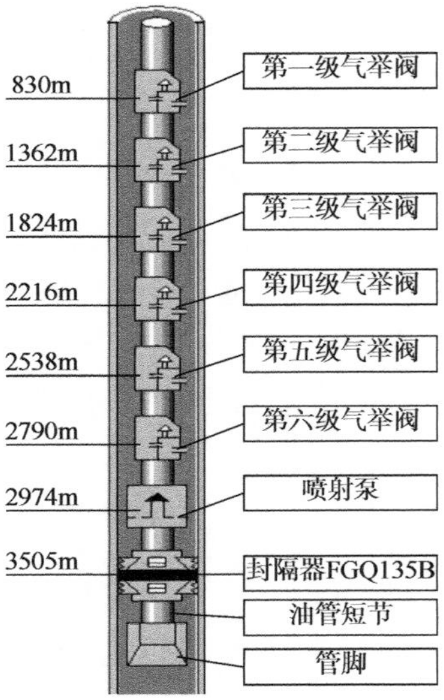

图 10.23　2077 喷射气举井下管柱图

（4）井下管柱结构示意图。

井下管柱结构示意图如图 10.23 所示。

（5）施工工序。

①停止供气、放喷，用压井液对油井进行循环压井作业；

②刮管及通井，使用 $6\frac{5}{8}$in 套管刮管器，在封隔器坐封位置上下各 20m 井段反复刮管 5 次，用 Φ138mm × 1.8m 通径规通井；

③将气举阀工作筒及喷射泵运至井场；

④按照完井管柱图下入完井管柱，气举阀、喷射泵工作筒及封隔器的实际深度可在设计位置 ±6m 内调整，全部管柱入井后，坐封封隔器；

⑤安装井口采油树，试压合格后连接地面管线；

⑥依据气举井投产程序进行投产，跟踪油井生产状态；

⑦若喷射泵出现不密封、堵塞或者根据实际生产需求需要更换喷嘴时，可通过钢丝投捞作业对其进行打捞更换，更换完成后再重新投入气举生产。

（6）应用效果。

2077 井于 2012 年 9 月 2 日开始修井作业，9 月 16 日进入系统生产，转喷射气举前后生产曲线如图 10.24 所示，效果对比见表 10.17。

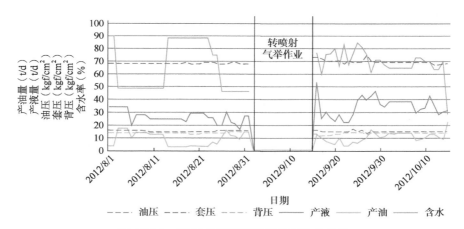

图 10.24　2077 井转喷射气举前后生产曲线

表 10.17　2077 井转喷射气举前后生产情况

转喷射气举前					转喷射气举后					对比				
产气量 (m³/h)	产液量 (t/d)	产油量 (t/d)	含水率 (%)	流压 (kgf/cm²)	产气量 (m³/h)	产液量 (t/d)	产油量 (t/d)	含水率 (%)	流压 (kgf/cm²)	产气量 (m³/h)	产液量 (t/d)	产油量 (t/d)	含水率 (%)	流压 (kgf/cm²)
1000	25	8	68	106	660	36	12	66.7	92	−340	11	4	−3	−14

①增产效果明显：该井转喷射气举前后对比产液增加了 11t/d，油量增加了 4t/d，增产效果明显。

②工况正常：2012 年 10 月 15 日 2077 井开展流梯测试，从测试曲线（图 10.25）可以看出，压力、温度测试曲线显示在喷射泵处存在拐点，判断井下气体通过喷射泵进入到油管，工况正常。

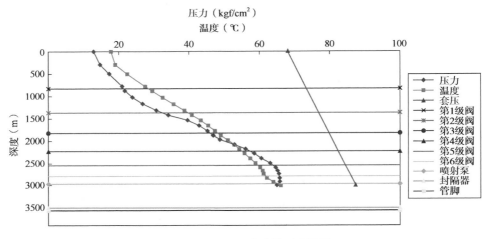

图 10.25　2077 井流梯测试结果

③井底流压降低，该井转喷射气举前井底流压 106kgf/cm^2，转喷射气举后井底流压降低至 92kgf/cm^2，有效降低了井底流压 14kgf/cm^2，增大了生产压差，进一步提高了气举举升效果。

④节约气量：该井转喷射气举前注气量 1000m^3/h，转喷射气举后注气量降低至 660m^3/h，节约气量 340m^3/h，提高了气举举升效率。

2012 年开始，喷射气举工艺技术陆续在让纳若尔油田开展了现场试验，实现了降低井底流压、增大排液能力、提高采收效率的预期目标，取得了良好的效果，措施效果统计见表 10.18。

表 10.18　喷射气举前后生产参数对比

井号	转前生产参数					转后生产参数					对比				
	注气量（m³/h）	产液量（t/d）	产油量（t/d）	含水（%）	井底流压（kgf/cm²）	注气量（m³/d）	产液量（t/d）	产油量（t/d）	含水（%）	井底流压（kgf/cm²）	注气量（m³/d）	产液量（t/d）	产油量（t/d）	含水（%）	井底流压（kgf/cm²）
2077	1000	25	8	68	106	660	36	12	66.7	92	-340	11	4	-1	-14
2031	830	28	23	17	133	660	41	36	12	110	-170	13	13	-5	-23
5072	320	13	10	20	153	830	36	17	52.8	57	510	23	7	33	-96
4033	830	17	11	38	122	830	24	15	38	109	0	7	4	0	-13
2046	660	22	20	10	81	1000	25	18	28	64	340	3	-2	18	-17
2593	830	26	17	35	120	830	27	13	51.9	99	0	1	-4	17	-21

10.3　泡沫辅助气举技术

随着油田的大量开采，油藏压力逐渐减小，当油井产能较低而产液量较大时，井筒内流体流速降低，致使产出液体无法完全被携带出井筒，从而滞留于井筒中形成积液。而积液所产生的液柱压力会抵消部分地层压力，导致油井产量下降，严重时液柱压力甚至与地层压力达到平衡，导致油井停止生产。

泡沫辅助气举技术作为一种有效的排液采油技术，近年来得到了广泛的应用，该技术也称气举 + 泡排复合举升技术。其有效结合了连续气举采油和泡沫排水技术的优势，一方面从油套环空（或者油管）向油管内连续注入高压气体，与地层产出流体在井筒中充分混合，利用气体的膨胀使井筒中的流体密度降低，另一方面通过向井底注入泡排剂，产生大量低密度含水泡沫，使井底积液转变成泡沫状流体，进一步降低液柱密度，减少滑脱，放大生产压差，有效地排除井底积液，提高连续气举在低压、中高含水井的举升效率。图 10.26 为泡沫辅助气举技术原理示意图，注气过程中挤注泡排剂，在高速气流下，泡排剂与气体形成环雾流型，经气举阀进入油管中，无法形成积液。

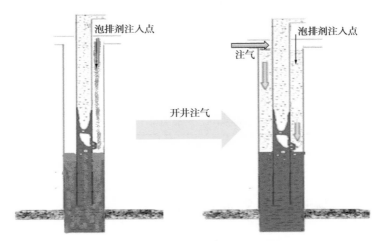

图 10.26 泡沫辅助气举技术原理图

10.3.1 泡排剂优选

（1）泡排剂的组成。

泡排剂作为一种常见的排水采气、采油工艺，通常由各种表面活性剂所构成，其品种繁多，一般可以分为三类。

①阴离子表面活性剂。

分子式：$(RCOO^-)_n M$（肥皂型）。

其中：脂肪酸烃 R 一般为 11~17 个碳的长链，常见有硬脂酸、油酸、月桂酸。根据 M 代表的物质不同，又可分为碱金属皂、碱土金属皂和有机胺皂，均具有良好的乳化性能和分散油的能力。

分子式：$RO-SO_3M$ 或 $R-SO_3-M$（硫酸化物和磺酸化物）。

其中：R 为 12~14 个碳的烷基，M 为 Na^+ 或 NH_4^+。

阴离子表面活性剂能够达到快速起泡的功能，地下水总矿化度一般情况下小于 60g/L，如果大于 60g/L，则会导致起泡困难或者无法起泡。

②非离子表面活性剂。

分子式：$C_{21}H_{42}O_4$（单硬脂酸甘油酯）。

单硬脂酸甘油酯是食物的乳化剂和添加剂，在化妆品及医药膏剂中用作乳化剂。其为白色蜡状薄片或珠粒固体，不溶于水，与热水经强烈振荡混合可分散于水中。

分子式：R—O—$(CH_2CH_2O)_nM$（聚醚型非离子表面活性剂）。

其中：R 代表 12 个碳的烷基，n 的数值通常是 4~6。

非离子表面活性剂起泡功能没有阴离子表面活性剂好，地下水总矿化度一般情况下小于 120g/L。

③两性表面活性剂。

分子式：$C_{12}H_{25}N^+H_2CH_2CH_2COO^-$（氨基酸型）。

制备氨基酸型两性表面活性剂常用的原料为高级脂肪伯胺、丙烯酸甲酯、丙烯腈和氯乙酸等。

分子式：R—N$(CH_3)_2$—CH_2COO—（甜菜碱型）。

其中：R 为 12~18 个碳的烷基。

两性表面活性剂的起泡能力相对而言比较好，地下水总矿化度一般情况下小于 250g/L。

（2）泡排剂的筛选原则。

一般的表面活性剂具有配伍性好、超低界面张力、抗凝析油、抗高矿化度和成本低等优点。泡排剂属于表面活性剂的一种，但对用于井内排液的泡排剂的性能要求又远远高于一般的表面活性剂。

①起泡性能强。

泡沫排水采气工艺的优势在于成本低且高效，只需向井内投入少量泡排剂便可在气流搅动作用下产生大量低密度含水泡沫，使得原来无法被携带出的液体由于密度降低而被携出，因此选择的泡排剂的最基本特性就是起泡性能强。

②泡沫携液能力强。

为了高效地排出井底积液，选择的泡排剂必须具备很强的携液能力。泡排剂携液能力的强弱不仅与泡排剂种类和浓度有关，同时也取决于气液比和井内温度等现场实际条件。

③泡沫稳定性适中。

如果所形成的泡沫稳定性差，则很有可能在中途破裂，使得整体携液率降低；相反，如果泡沫稳定性过强，则会给地面消泡、分离增加难度和成本。因此，所选用的泡排剂既要具备能够将液相携至地面的稳定性，同时稳定性又不宜过高，便于地面消泡。

10.3.2　泡排剂的测试

根据以上泡排剂的筛选原则，通过试验方法测得泡排剂的起泡能力、稳泡能力及泡排剂的携液能力。

（1）测试方法。

①泡排剂起泡、稳泡能力的测定。

测定原理：选用常用的倾注法。使 200mL 表面活性剂溶液从 900mm 高度流到相同溶液的液体表面之后，测量 30s、3min、5min 时得到的泡沫高度。

仪器及试剂：泡排剂起泡能力测定装置如图 10.27 所示；刻度量筒，容量 500mL；恒温水浴，带有循环水泵，可控制水温为 70 ± 0.5℃；铬酸

硫酸混合液，搅拌下将浓硫酸加入等
体积的重铬酸钾饱和溶液中。

测定步骤：

a.将所有试验中用到的玻璃仪器
与铬酸硫酸混合液接触过夜，然后用
蒸馏水冲洗至没有酸，再用待测溶液
冲洗 2~3 遍。

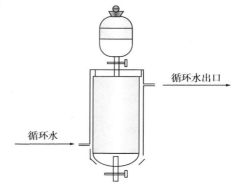

b.配制溶液，取最终投用井水

图 10.27　泡排剂起泡能力及稳泡
能力测定装置

样，按照产品说明配制成相应浓度的泡排剂溶液，溶液配制过程中，搅拌
要缓慢，以防泡沫形成，然后在试验温度下和恒温水浴中恒温 30min。同
时将恒温水浴的水用皮管与发泡管的进、出水口相连，打开循环水泵。

c.用量筒量取 200mL 恒温好的泡排剂溶液，缓慢地沿壁倒入加液漏
斗中。

d.缓慢地沿泡排管壁倒入 50mL 恒温好的泡排剂溶液。

e.打开加液漏斗悬塞，使溶液匀速流下，同时启动秒表。

f.待加液漏斗中的溶液流完后 30s 观察泡沫体积，然后在 3min 和 5min
时分别观察泡沫体积。如果泡沫的上面中心处有低洼，按中心和边缘之间的
算术平均值记录读数。

g.待溶液泡沫消失后，重复 c 至 f 步骤进行平行试验。

h.以所形成的泡沫在液流停止后 30s、3min 和 5min 时的毫升数或高
度来表示结果，必要时可绘制相应的曲线。以重复测定结果的算术平均值
作为最后结果。

i.重复测定结果之间的差值应不超过 15mL。

②泡排剂携液量的测定。

测定原理：将一定流速的气体通入试液，形成泡沫。测定一定时间后泡沫携带出的液体（油和水）的体积数，作为泡排剂携液能力的量度。

仪器及试剂：

a. 装置：发泡管和泡沫收集器如图 10.28 所示。

b. 超级恒温器：精度 ±0.5℃。

c. 浮子流量计：精度 10mL/min。

d. 秒表。

e. 烧杯：500mL、1000mL。

f. 量筒：20mL、100mL。

g. 湿式气体流量计。

h. 石油醚：沸点范围 60~90℃。具体试验中可用凝析油替换石油醚。

i. 氮气：钢瓶气。

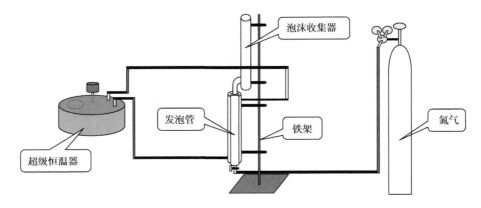

图 10.28　泡排剂携液能力测定装置

测定步骤：

a. 取最终投用油井水样，按试验规定浓度加入泡排剂，缓慢搅拌均匀。

b. 向发泡管中加入 190mL 起泡液和 10mL 石油醚（或凝析油），在试验温度下恒温 30min。

c. 试验时，以 0.05MPa 的压力，60mL/min 的流速向试液通入氮气。

d. 测量 15min 后，泡沫携带出液体（油和水）的体积，重复试验直至两次测定结果之差不大于 2mL。

e. 泡沫携液量用每 15min 中的毫升数表示。取两次泡沫携液量之差不大于 2mL 的携液量的算术平均值作为测定结果。

（2）泡排剂起泡、稳泡性能测试。

选取北特鲁瓦油田 767 井采出水样进行实验，药剂加量 0.5%，测定各种泡排剂在常温下的起泡能力和稳泡能力见表 10.19。

表 10.19　不同泡排剂起泡能力和稳泡测试

药剂	起泡能力和稳泡能力			
	H_0（mm）	H_{30s}（mm）	H_{3min}（mm）	H_{5min}（mm）
HG–1	220	205	185	167
HG–2	210	201	183	164
X–2	200	180	170	170
X–3	200	186	173	157
X–4	215	185	163	142
X–5	150	125	115	115
X–6	200	175	160	147
UT–5B	224	218	189	179
UT–11C	240	220	201	175
XM–3	262	241	224	208

注：H 表示起泡高度，下标为起泡时间。

从表 10.19 中数据可以看出，不同种类表面活性剂中，XM–3 型泡排剂在试验样品中起泡能力和稳泡能力最好。因此，初选 XM–3 型泡排剂作为现场试验样品。

10.3.3　泡排剂的性能评价

泡排剂除了应具有较强的起泡能力及携液能力外，在实际应用时还要考虑其与生产溶剂的配伍性、耐油性能、耐温性能及耐甲醇性能，下面对XM-3型泡排剂的各项性能进行检测，判断能否满足现场要求。

（1）与生产溶剂的配伍性。

矿化度配伍试验结果见表 10.20。

表 10.20　矿化度配伍试验

矿化度（mg/L）	5000	20000	50000	80000	100000
配伍情况	无沉淀	无沉淀	无沉淀	无沉淀	无沉淀

注：测试介质为矿化水；泡排剂浓度 2%；测试温度 70~75℃；测试时间 12h。

甲醇配伍试验结果见表 10.21。

表 10.21　甲醇配伍试验

甲醇含量（%）	10	20	30	40	50
配伍情况	无沉淀	无沉淀	无沉淀	无沉淀	无沉淀

注：测试介质为矿化水 + 甲醇；泡排剂浓度 2%；测试温度 70~75℃；测试时间 12h。

凝析油配伍试验结果见表 10.22。

表 10.22　凝析油配伍试验

凝析油含量（%）	5	10	15	20	25
配伍情况	无沉淀	无沉淀	无沉淀	无沉淀	无沉淀

注：测试介质为矿化水 + 凝析油；泡排剂浓度 2%；测试温度 70~75℃；测试时间 12h。

通过以上配伍试验可以得出 XM-3 型泡排剂与不同矿化度、甲醇、凝析油含量有良好的配伍性，无沉淀现象发生。

（2）泡排剂耐油性能。

在地层水 +20.0% 凝析油的条件下，泡排剂起泡能力 170mm，5min 后仍能保存 105mm，携液能力 140mm（表 10.23）。

表 10.23　不同含油量下 XM-3 泡排剂的测试数据（30℃，药剂浓度 0.5%）

含油量（%）	起泡能力和稳泡能力				携液能力（mL）
	H_0（mm）	H_{30s}（mm）	H_{3min}（mm）	H_{5min}（mm）	
5.00	190	160	130	115	170
10.00	180	140	120	100	154
15.00	170	154	130	110	136
20.00	170	145	125	105	140

注：H 为起泡高度；下标为起泡时间。

（3）泡排剂耐温性能。

在 90℃条件下，泡排剂起泡能力 160mm，5min 后降至 100mm，携液能力 166mm（表 10.24）。

表 10.24　不同温度下 XM-3 泡排剂的测试数据（药剂浓度 0.5%）

药剂名称	温度（℃）	起泡能力和稳泡能力				携液能力（mL）
		H_0（mm）	H_{30s}（mm）	H_{3min}（mm）	H_{5min}（mm）	
XM-3	30	180	150	130	115	190
XM-3	50	170	140	120	100	186
XM-3	70	190	170	130	115	170
XM-3	90	160	140	110	100	166

注：H 为起泡高度；下标为起泡时间。

（4）泡排剂耐甲醇性能。

在地层水 +30% 甲醇样品中，泡排剂起泡能力 126mm，5min 后降至 65mm，携液能力 130mm（表 10.25）。

表 10.25　在不同地层水中 XM-3 泡排剂的实验数据（30℃，药剂浓度 0.5%）

含醇量（%）	起泡能力				携液能力（mL）
	H_0（mm）	H_{30s}（mm）	H_{3min}（mm）	H_{5min}（mm）	
10	190	160	130	105	180
15	180	140	120	85	164
20	140	120	110	78	146
30	126	100	80	65	130

注：H 为起泡高度；下标为起泡时间。

（5）泡排剂使用浓度的优化。

前期通过泡排剂筛选，发现 XM-3 是最适合油田的泡排剂，在地层水中测试泡排剂 XM-3 在不同浓度下的起泡能力和携液能力，实验数据见表 10.26、图 10.29。

表 10.26　XM-3 不同浓度起泡能力及携液量测定（30℃）

浓度（‰）	起泡能力和稳泡能力				携液能力（mL）	携液率（%）
	H_0（mm）	H_{30s}（mm）	H_{3min}（mm）	H_{5min}（mm）		
1	95	90	78	71	140	46.7
3	132	121	105	101	190	63.3
5	165	154	137	124	235	78.3
7	185	176	168	159	265	88.3

注：H 为起泡高度；下标为起泡时间。

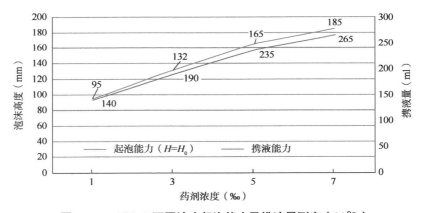

图 10.29　XM-3 不同浓度起泡能力及携液量测定（30℃）

根据实验室数据和现场应用数据对比分析，当泡沫排水剂在实验室测试的携液率达到 75.0% 时，在现场使用能满足生产排液需要。从表 10.26 中看出，当配置浓度在 5.00‰、7.00‰时，其携液率分别到达 78.3%、88.3%，满足了生产排液需求，因此建议在该地层水条件下使用泡沫排水采油工艺中使用 XM-3 浓度范围为 5.00‰~7.00‰。

10.3.4 稳泡剂的筛选

泡排剂—水体系产生的泡沫不够稳定，如果使用单一的表面活性剂溶液，虽然起泡性很好，但半衰期一般都较短，很难满足实际应用，为提高泡沫的稳定性，必须加入泡沫稳定剂。常用的稳泡剂有十二醇、三乙醇胺、月桂酰二乙醇胺、十二烷基二甲基氧化胺等，其作用机理是利用表面活性剂的协同作用来增强表面吸附分子间的相互作用，使表面吸附膜强度增大，从而提高泡沫稳定性。另外，水溶性高分子化合物也具有稳泡作用，如羧甲基纤维素（CMC）、聚丙烯酰胺（PAM）、黄原胶等，主要是由于聚合物的加入提高了液相的黏度，降低泡沫液膜流动度，减缓泡沫排液速度。但液相黏度的增大往往影响溶液的起泡性能，当液相黏度过大会造成气体在液体中分散困难，使得溶液起泡能力下降（表 10.27）。

表 10.27　泡排剂与不同稳泡剂复配实验（堂温，药剂浓度 0.5%）

药剂	含油量（%）	起泡能力和稳泡能力			
		H_0（mm）	H_{30s}（mm）	H_{3min}（mm）	H_{5min}（mm）
FDG–1+2% 三乙醇胺	10	190	150	10	0
FDG–1+5% 三乙醇胺	10	80	140	0	0
FDG–1+1%YF	10	200	180	30	10
FDG–1+1%YF+2% 三乙醇胺	10	200	175	40	20
FDG–1+1%YF+1%CMC	10	200	180	40	20
FDG–1+2%YF	10	200	180	80	40
FDG–1+2%YF+2% 三乙醇胺	10	200	170	80	40

好的稳泡剂应该具备以下特性：稳泡作用显著，稳泡剂与起泡体系相溶性好；稳泡剂对起泡体系的干扰小。稳泡剂的加入，不影响或者对泡沫基液的起泡能力影响不大；稳泡效率高，用量小且来源广泛，价格适中。根据实际，实验室重点考察三乙醇胺、羧甲基纤维素、氟碳特种表面活性

剂等的稳泡能力，确定最佳配比。通过以上数据可以得出，YF是较理想的稳泡剂。

10.3.5　注入工艺

（1）常用起泡剂注入工艺。

目前，国内外常用的起泡剂加注工艺有泡沫排水棒投掷、毛细管注入系统、泵车定时加注、平衡罐加注等。

①泡沫排水棒投掷。通过投掷器将泡沫排水棒从井口油管投入到井内，泡排棒可迅速掉落至井下地层水层，泡排棒与井底水混合后反应产生泡沫，并逐步释放出泡沫。此方法多用于井下有封隔器、产水量小于 $8m^3$ 的间歇开关低产井。

②毛细管注入。在新井投产或老井检修时，气举阀、泡排剂注入工作筒及毛线管一起下入，后期井底积液时，可通过毛细管线向井筒注入泡排剂来实现井底积液的排除。

③泵车定时加注。泵车定时加注是通过柱塞泵等设备将起泡剂注入积液井内，起泡剂注入过程无特殊要求。该技术多用于只需要周期性泡沫排水或一两次泡沫排水即可恢复正常生产的油井。

④平衡罐加注。平衡罐加注旨在平衡加药罐与井筒间的压差，液体起泡剂依靠重力作用垂直流向井底，与井底积液充分混合，经气流搅动，产生泡沫，从而降低井底压力，提高采出液的携水能力，最终达到提升油井产量的目的。该技术的优势在于加药时无须关井，在延长加药时间的同时不会导致井筒堵塞现象，不影响正常生产，该技术多用于依靠泡沫排水才能维持正常生产的油井。

考虑到泡排棒投掷工序繁琐，毛细管注入需要修井、泵车定时加注需外加动力等因素，结合油田现场现有注甲醇配套装置，重新设计让纳若尔油田适用的泡排剂注入方案。

（2）甲醇泵注入工艺。

目前让纳若尔油田注甲醇泵注入工艺流程成熟可靠，有效缓解了井口冻堵问题，主要包括甲醇泵房及地面注入管线。甲醇泵房由储液罐、计量泵、防爆电动机及柱塞泵等组成。储液罐用来存储甲醇，容积一般 $1.5\sim2.5m^3$，可以保证加注一次甲醇后可长时间向井口连续注入。计量泵用来提供甲醇注入的动力，最大压力可达 16MPa，同时还可以调节甲醇的注入排量，最大排量 15L/h，提供的压力和排量完全满足现场注入需求。防爆电动机的主要功能是防止火灾或者爆炸，提高了安全性能，因为甲醇是一种易燃、易挥发的液体，加热、火花或明火均可点燃，发生火灾，其蒸气能与空气形成爆炸性混合物，发生爆炸，爆炸极限为 6.0%~36.5%。柱塞泵用来将甲醇从甲醇车抽吸至储液罐内。地面注入管线用来连通甲醇泵房及井口压力表注入头，采用标准的 $^1/_4$in 不锈钢毛细管，承压能力达 50MPa。

因此，利用油田现有气举采油井配套的甲醇泵房及管线，进行泡排剂的注入，在满足施工要求的条件下最大限度地节约施工作业成本，提高经济效益，注入工艺示意图如图 10.30 所示。

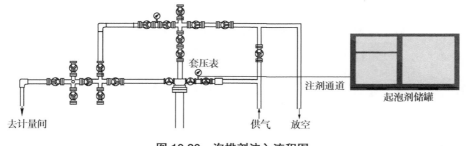

图 10.30　泡排剂注入流程图

后期当泡排井规模应用后，可在地面六通管汇接入消泡剂注入流程，有效消除泡沫对计量、油气分离等功能的影响。

10.4　智慧气举技术

智慧油田包括信息采集、传输、处理等几部分，主要包括利用各种智能传感器完成现场仪表及生产参数的智能采集，经过网络传输汇聚到生产指挥系统和云端服务器，一方面根据对现场设备的监控数据进行远程控制，另一方面使用云计算、大数据技术处理远程监测和视频监控信息，结合优化模型对生产指挥统一调度、预警、管控等。

近几年，大部分油企大力发展信息化与数字化建设，个别油区已实现了油藏、井筒等一些生产参数的信息采集，初步形成了数字化的信息平台建设。但是对于让纳若尔油田，气举井数多、分布广，现场管理难度大，从实现智慧油田来讲，面临几个难题：

（1）气举井数多，数据种类繁多，分布范围广，数据采集与远程控制难度较大。在油田开发与生产过程中，开采条件恶劣及过程复杂，并且油区分布范围比较广，因此需要采集与监测的数据种类繁多，远程控制的难度也相应增大。

（2）人工巡检工作强度大，漏检率高，现场管理难度大。油井的分布范围比较广，也使工人的巡检强度大。目前大部分油井和其他重要场所均为人工巡检，无法实现油田现场监控全天候、无死角。此外，人工监控还存在有一定的危险性和发现问题不及时等问题，并且人工判断也存在一定的误差。

（3）海量的数据信息，价值密度低。数字油田已经呈现一种向智慧油田发展的趋势，在油田开采与运营过程中会产生大量的数据，但数据体现出的价值密度非常低，同时种类非常复杂。

（4）网络的带宽不足，时延高，可靠性低。在智慧油田的部署过程中，数据采集、远程控制或视频监控等数据的传输需要采用无线通信技术，实现无人值守油田开发现场的前提是需要实时的信息传递。

"智慧气举油气田"利用大数据、云计算、数据挖掘、深度学习等技术，使油气井具有自我深度学习功能，最终打造智慧油气田（图 10.31）。

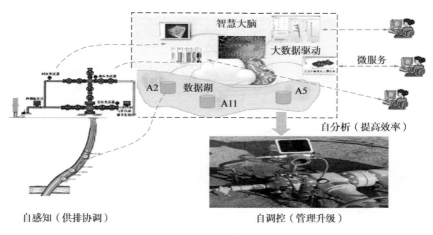

图 10.31　智慧油田示意图

智能气举技术通过开发气举远程智能诊断及优化平台，配套数字化硬件，实现实时数据采集、在线工况诊断及系统优化、远程调控，可有效提升气举井举升及管理效率，节约操作成本。平台核心是利用地面油、套压及注气量等参数的实时监控，反推气举阀工作状态，通过控制注气量优化单井产量，实现油田效益最大化。

该平台具有以下特点：

227

一是在线数据采集：由人工稀疏测试向物联网实时监测转变，无人采集。

二是在线智能诊断及优化：深度结合物联网、人工智能等技术，由人工建模向大数据驱动自学习，无人分析。

三是远程生产调控：远程精细自控制、自调整，无人值守。

气举远程智能诊断及优化软件是气举智能平台的核心，软件分为数据中心、实时诊断、故障报警、智能优化、远程调控、气举设计六大模块。软件以生产数据为基础，以实时诊断、气举设计和智能优化为核心，搭载智能化算法，配套故障报警及诊断优化等功能，通过远程调控实现整个气举系统的智能管理（图 10.32）。

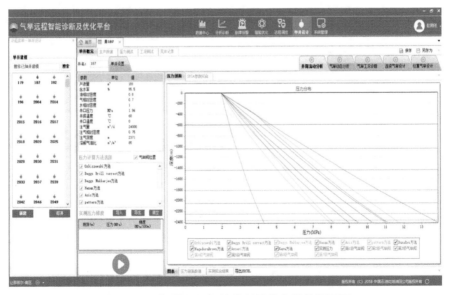

图 10.32　气举远程智能诊断及优化软件界面图

（1）核心模块：智能优化。

智能优化模块分为油井系统优化及气井系统优化两部分，其算法见

表 10.28。油井以气举特性曲线为基础，遗传算法为核心，气井以持液率、临界携液气量为基础，实现注气量实时调控。

表 10.28　智能优化算法

井别	优化对象	优化依据	智能算法
油井	单井	特性曲线	二次规划
	系统	节点分析	遗传算法
气井	单井	持液率	递进求解
	系统	节点分析	遗传算法

（2）核心模块：分析诊断。

分析诊断模块分为油井工况诊断及气井积液诊断两部分，其中气井积液诊断包括油套压差、持液率、临界携液流量等多种积液判断算法，有效判断气井积液情况；油井工况诊断包括两种实时诊断算法及三种二次诊断算法。

（3）核心模块：气举设计。

气举设计模块分为连续气举设计及间歇（柱塞）气举设计，集气举设计及远程监控为一体，实现从设计到生产智能优化全过程管理。模块依托现场实测数据，改进多相流模型，明确多相流模型的适用条件，使设计结果更加精确。

（4）基础模块：生产数据。

生产数据模块具有单井综合数据、储层数据、作业井史、日产数据、静流压测试数据；拥有单井月报、层系月报、区块月报、递减分析等统计报表功能；能对单井进行流入、流出方程配置，提高分析计算的精度及准确性。

（5）辅助模块：故障报警、远程调控。

配套超限报警、异常报警功能，可及时发现异常工况，同时具备历史查询功能。生成的注气方案可通过人工或软件自动执行，实现注气量实时调控。

围绕油田生产的信息化建设，基于5G、物联网、云计算及大数据等信息技术构建油田的智慧指挥与决策平台，将传统油气生产与信息技术融合，促使数字油田到新型无人值守的智慧油田转变。因此打造气举智能管理系统，提高气举效率，可为油田低成本高效开发提供技术支持。

参考文献

［1］布朗 KE．举升法采油［M］．张柏年，郑昌锭，译．北京：石油工业出版社，1987.

［2］万仁溥．采油工程手册［M］．北京：石油工业出版社，2009.

［3］张琪．采油工艺原理［M］．北京：石油工业出版社，1989.

［4］Beggs H D，Brill J P. A Study of Two Phase in Inclined Pipes［J］. Journal of Petroleum Technology，1973.

［5］马辉运．气体加速泵排水采气技术研究［D］．成都：西南石油大学，2006.

［6］雷宇，李勇，等．气举采油工艺技术［M］．北京：石油工业出版社，2011.

［7］Mukherjee, Hemanta, Brill, et al. Liquid holdup correlations for inclined two-phase flow［J］. Journal of Petroleum Technology, 1983, 35（5），1003-1008.

［8］Aziz K, Govier G W. Pressure drop in wells producing oil and gas［J］. Journal of Canadian Petroleum Technology, 1972, 11（3）.

［9］Orkiszewski J. Predicting two-phase pressure drops in vertical pipes［J］.

Journal of Petroleum Technology，1967，19（6），829–838.

［10］Hagedorn A R，Brown K E. Experimental study of pressure gradients occurring during continuous twophase flow in small–diameter vertical conduits［J］. Journal of Petroleum Technology，1965，17（4），475–484.

［11］袁恩熙. 工程流体力学［M］. 北京：石油工业出版社，1986.

［12］陈家琅. 石油气液两相管流［M］. 北京：石油工业出版社，1989.

［13］Spall J C. Implementation of the simultaneous perturbation algorithm for stochastic optimization［J］. IEEE Transactions on aerospace and electronic systems，1998，34（3）：817–823.

［14］Zhou D，Liao R，Wang W，et al. Optimization of the Pressure Drop Prediction Model of Wellbore Multiphase Flow Based on Simultaneous Perturbation Stochastic Approximation［J］. International Journal of Heat and Technology，International Information and Engineering Technology Association，2022，40（6）：1397–1403.

［15］廖锐全，张柏年. 深井连续气举系统的参数设计及优化配气方法［J］. 中国海上油气工程，1999（1）：51–56，6.

［16］刘想平，张柏年，汪崎生，等. 连续气举单元多目标优化配气方法［J］. 石油勘探与开发，1995（5）：59–62，99.

［17］刘想平，汪崎生，廖锐全，等. 优化理论在连续气举系统配气中的应用［J］. 江汉石油学院学报，1997（2）：52–56.